東京安全研究所・都市の安全と環境シリーズ 7

編著
濱田政則
著
若竹 亮
小松憲一
永井一徳
横塚雅実
中村孝明
米川 太

都市臨海地域の強靭化

増大する自然災害への対応

早稲田大学出版部

はじめに

　21世紀に入って、自然災害が激甚化の一途をたどっている。地震・津波・火山噴火による災害に加え、巨大台風・サイクロン・ハリケーンによる暴風災害、大雨による河川氾濫、さらに異常乾燥による大規模山火事などが毎年のように世界各地で発生し、多くの人命と膨大な資産が失われている。

　特に、地球規模での温暖化と海水温上昇に起因していると考えられる気象災害が多発しており、この傾向は今世紀末に向けて一段と激化、増大するとの予測が国連の「気候変動に関する政府間パネル (Intergovernmental Panel on Climate Change)」からも出されている。

　わが国も例外ではない。2011年東北地方太平洋沖地震（東日本大震災）は死者・行方不明者2万2千名以上（2018年3月、消防庁による統計）の犠牲者を発生させた。1995年兵庫県南部地震（阪神・淡路大震災）を上回る犠牲者数であり、過去1世紀では1923年関東地震に次ぐ大災害となった。その後も2016年熊本地震、2018年北海道胆振東部地震など被害地震の発生が相次いでいる。また、大型で猛烈な台風や前線による大雨により洪水や斜面崩壊などの災害も多発している。

　このように、自然環境の変化により人間社会への外的環境条件が厳しくなる一方で、現代社会の災害への脆弱性も増大し、多様化している。大都市圏の無計画な拡大と過密化、急傾斜地や河川氾濫原など災害に脆弱な地域への居住地の拡大、防災教育や災害経験伝承の不足による防災意識の低下、さらには地方社会の過疎化、高齢化、都市部を含めた核家族化などが災害リスクの増大に拍車をかけている。

　これら災害への脆弱性を克服し、安全で安寧な社会を構築して行くことが

我々に課せられた課題である。編者は早稲田大学東京安全研究所編纂の「都市の安全と環境シリーズ」第2巻として「臨海部産業施設のリスク」を出版し、その中で、多くの産業施設が立地する大都市圏臨海部埋立地盤の液状化や地盤の側方流動の危険性、産業施設の地震・津波災害が社会・経済に及ぼす影響について考察するとともに、これらの将来の災害への対策について述べている。

本書では、第1章において、21世紀に入ってからの世界とわが国における風水害と地震・津波災害を振り返るとともに、風水害増大の最大の要因と考えられている気候変動の現況と、今後の動向についてIPCCの予測結果を紹介し、さらにわが国の国土構造と社会基盤施設が抱えている脆弱性について考察した。

第2章では、臨海部産業施設に焦点をあて、これまでの地震・津波・高潮による産業施設の被害事例を紹介するとともに、その要因について考察した。さらに地震動や液状化、側方流動に対する産業施設の耐震設計法の変遷と強靱化工法の例を紹介した。

第3章では、臨海部産業施設の強靱化に向けた、国土強靱化や津波防災まちづくりなど国の施策および自治体による臨海部強靱化の取り組み、さらには、東日本大震災の被災地である大船渡市の復興の現状を紹介するとともに、今後の地域の再生に向けて課題を論じている。

東北地方太平洋沖地震による仙台空港の例で示されたように、空港の被災は、国内外からの緊急物資・人員の被災地への輸送に極めて大きな影響を与える。また津波によって港湾が被害を受け、海上輸送機能が長期にわたって

失われた場合、空港機能の早期の回復は地域の人々の生活と経済活動の復旧に極めて重要である。第4章では、空港の自然災害リスクの評価とリスク軽減の方策および空港被災による経済的影響について記述した。

　南海トラフ巨大地震や首都直下地震の逼迫性が指摘されている。これらの地震が発生した場合、震源域やその近傍地域では強烈な地震動に見舞われることになる。これらの地震動は、産業施設や構造物の通常の耐震設計で用いられている地震動を大きく上回ることが予想される。このような大きな地震動に襲われた場合、構造物は弾性領域（外力と構造物の変形が比例している領域）を超えて塑性領域（地震後も残留変位が残る領域）での変形を生じる。構造物の塑性領域の変形が進めば、やがて破壊に至る。このため、南海トラフ地震などで発生する巨大地震動に対しては弾性領域のみならず塑性領域での安全性の検討が不可欠である。通常の耐震設計法ではこのような検討は難しく、近年大型コンピュータを用いた計算力学による、強地震動に対する構造物の耐震性照査法が注目を浴びている。第5章では産業施設の強靭化のために計算力学を活用した事例を紹介し、将来の発展性について述べる。

濱田政則

目次

はじめに ... 002

1章　増大する自然災害と気候変動

1-1　風水害の増大 ... 010
1-2　近年の地震・津波災害（2001〜2018） ... 022
1-3　増大する自然災害の要因と対応 ... 044

2章　臨海部産業施設の脆弱性と強靭化

2-1　既往地震・津波・高潮による
　　　臨海部産業施設の被害 ... 064
2-2　危険物施設などの耐震設計と課題
　　　──耐震基準の変遷 ... 079
2-3　強靭化工法の開発とその適用 ... 089

3章 国・自治体の施策と課題
――臨海部産業施設の強靭化

- 3-1 国土強靭化基本法 …… 100
- 3-2 津波防災地域づくり …… 101
- 3-3 コンビナートの強靭化 …… 106
- 3-4 臨海部強靭化への自治体の取組（川崎市の事例） …… 108
- 3-5 東日本大震災からの自治体の復興（大船渡市の事例） …… 111

4章 空港の自然災害リスクと強靭化

- 4-1 既往地震・津波・高潮による空港被害 …… 116
- 4-2 空港の地震リスク評価 …… 125
- 4-3 空港の被災による経済的影響 …… 135

5章 臨海部産業施設の新しい耐震性評価手法――計算力学による強靭化の実践

- 5-1 計算力学とは …… 142
- 5-2 産業施設強靭化への計算力学の活用（2011年東北地方太平洋地震後） …… 146

1章

増大する自然災害と気候変動

1-1　風水害の増大

1　世界の風水害

　台風、サイクロン、ハリケーンなどによる暴風雨、短時間大雨またそれらに起因した大規模土砂災害など風水害が世界的に増大している。図1-1は、1946年からの約70年間で、1,000名以上の死者・行方不明者を出した世界の風水害発生件数の5年間毎の累計を示す。1980年代半ばからの約4半世紀の間で発生件数が急激に増大している。約70年間で1,000名以上の犠牲者を出した風水害が総計で64回発生しているが、そのうち8割以上の54回がアジアで発生している。巨大台風・サイクロン・ハリケーン、および1時間降雨量で50mmを超える短時間大雨が風水害を引き起している。巨大台風の発生や短時間大雨などの異常気象が地球規模での気候変動に起因しているのではないかと考えられているが、科学的な因果関係が明確に証明されたわけではない。世界的な気温と海水温の上昇およびIPCC（気候変動に関する政府間パネル）の検討結果と見解については、1-3節で述べる。アジア地域での風水害増加の要因として、治水・治山などの社会基盤整備の遅れ、河川の氾濫原や丘陵斜面など災害脆弱地域への居住地拡大などが考えられる。

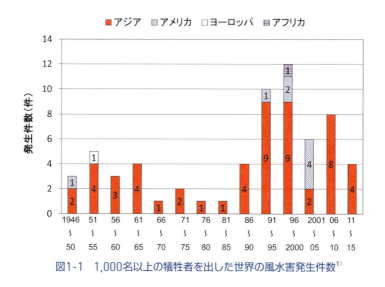

図1-1　1,000名以上の犠牲者を出した世界の風水害発生件数[1]

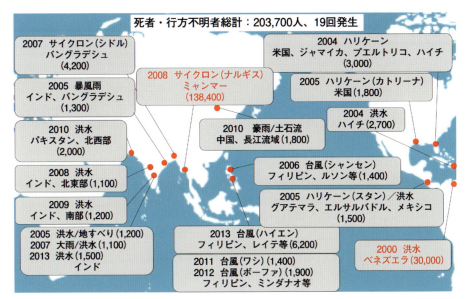

図1-2　21世紀(2000〜2015)に発生した1,000名以上の犠牲者を出した世界の風水害[1]

　21世紀に入ってからの世界の風水害の発生地点と死者・行方不明者数を図1-2に示す。いずれも1,000名以上の死者・行方不明者を出した風水害を示している。2000年から2015年までの期間で、1,000名以上の犠牲者を出した風水害は19回発生しており、約20万名の生命が失われている。これらの風水害の中で、2008年にミャンマーの西海岸を襲ったサイクロン・ナルギスは約14万名の犠牲者を出す風水害史上稀に見る大災害となった。2013年にフィリピン・レイテ島を襲った台風ハイヤンによる犠牲者は6,000名を越えた。米国や中南米諸国でも大規模な風水害が発生した。米国とカリブ海沿岸諸国は2004年と2005年に相次いで大型のハリケーンに襲われた。2005年のハリケーン・カトリーナでは米国南部のニューオリンズ市を中心に1,800名の生命が失われた。

　2005年ハリケーン・カトリーナ（米国）、2007年サイクロン・ジトル（バングラデシュ）など今世紀に入ってからの世界での主要な風水害被害の概要を以下に述べる。

1章　増大する自然災害と気候変動　　11

図1-3　2005年ハリケーン・カトリーナによる被害(米国)[3]

2005年　ハリケーン・カトリーナ(米国)[2]

　2005年8月23日、メキシコ湾で熱帯性低気圧として発生したハリケーン・カトリーナは、メキシコ湾内で勢力を強め、同月28日カテゴリー3*のハリケーンとして、アメリカ南部ミシシッピ州とルイジアナ州の州境付近に上陸し、アラバマ州を含めて、死者1,330名、被害家屋292,885戸、被災者744,293名、被害総額960億USドルに達するアメリカ史上最大のハリケーン被害を発生させた。上陸時の最低中心気圧は902hPaである。ちなみに1,800人の犠牲者を出した1900年伊勢湾台風の最低気圧は929hPaである。ハリケーン・カトリーナの瞬間最大風速は約90m/sとされており、わが国の耐風設計で一般的に用いられている風速60m/sをはるかに超えるものであった。

　最も被害が大きかったのはメキシコ湾とポンチャートレイン湖の間の湿地帯に拡がるニューオリンズ市で、市街地の80％が最大高さ10mの高潮で水没、最大浸水深6m以上を記録した。ニューオリンズ市での総雨量が300〜400mmとなり、市街地を流れる3つの運河の堤防が4ヶ所で破堤したことが、市街地水没の原因である。メキシコ湾岸では10ヵ所以上の海上油田より総量で7,400,000ガロン（約28,000kl）の石油が流出し、運河を通して市街地に流入した。

＊カテゴリー3のハリケーンの最大風速は49〜58m/s

図1-4　2007年サイクロン・シドルによる被害（バングラデシュ）[5]

2007年　サイクロン・ジドル（バングラデシュ）[4]

2007年11月11日にベンガル湾で発生したサイクロン・シドルは急速に発達し、同月15日にバングラデシュ南西部に上陸した。上陸時の最低中心気圧は944hPa、風速は1分間の平均風速で69m/sとされている。高潮と暴風雨により、死者3,363名、行方不明者871名、被災者8,992,259名、被害家屋1,518,942戸、被害総額31億1千4百万USドルの被害が発生した。

2008年　サイクロン・ナルギス（ミャンマー）[6]

2008年4月27日にベンガル湾で発生したサイクロン・ナルギスは、5月2日にカテゴリー4*の勢力を保ったままミャンマーのエーヤワディ川デルタに上陸し、死者84,537名、行方不明者53,836名、被害家屋80万棟、被害総額17億USドルの被害を発生させた。被害の主要因は高潮で、ヤンゴン川本流域で最大7.0mの高潮が観測され、高潮が農業用水路を通じて住宅地に侵入し、約14万名以上の人的被害が発生した。水門や堤防などの防災基盤施設および警報発信システムと避難設備の整備が不十分であったことが被害を拡大させたとされている。市街地開発によるマングローブ樹材の減少のため、高潮が減殺

*カテゴリー4のハリケーンの最大風速は58〜59m/s。

されずに居住地域を直撃したことも4千名以上の犠牲者発生の要因とされている。

2013年　台風・ハイエン（フィリピン）[7]

　2013年11月4日に南太平洋上で発生した台風30号ハイエンは、最大風速65m/s（最大瞬間風速90m/s）、中心最低気圧895hPaにまで勢力を増大させ、同月8日にフィリピン中部サマール島に上陸した。レイテ島、サマール島を中心に、死者2,360名、行方不明者77名、負傷者3,582名、全半壊家屋25万棟、被災者150万名の被害が発生した。被害が特に大きかったのはレイテ島タクロバン市で、70％以上の家屋が破壊されたと報告されている。海面下に蓄えられている熱量（海洋貯熱量）の高い海上を台風が通過したことにより勢力が著しく強大となり、中心気圧が900hPa以下となった。

　ハイエンによりフィリピン中部沿岸各地において高潮による被害が発生した。タクロバンでの高潮の高さは5〜6mと推定されている。

2　日本の風水害

　21世紀に入ってからの18年間でわが国で発生した風水害の発生地点と死者・行方不明者数を図1-5に示す。わが国においても、台風、梅雨前線による風水害と、短時間大雨、大量降雨に起因した土砂災害および大雪による災害が多発している。21世紀に入ってからの18年間で、死者・行方不明者を出した風水害が29回発生し、犠牲者の総数は1,400名を超えている。

　図1-6は、1993年からの約24年間での風水害による死者・行方不明者数および台風の上陸数を示す。台風の上陸数は年毎のばらつきが大きく、特に近年増加しているという傾向は見られない。1993年、2004年は犠牲者の数は150名を超している。これらの年では台風の上陸数がそれぞれ6回、10回で、平均的な上陸数2〜3回に比較し多かったことが犠牲者増大の要因である。2004年では上陸した10個の台風により200名以上の犠牲者が発生した。

　図1-7は1時間降水量50mm以上の大雨の発生回数を示す。50mm以上の時間降雨量の発生回数は1978年〜1987年の10年間平均で約160回であったが、2008年〜2017年では約240回に増大している。加えて都市部における短時間豪雨による水害も増加している。後述するように、東京都内においても1時間降雨

図1-5 死者・行方不明者を出したわが国の風水害・雪害（29回発生　2000年〜2018年）[8]

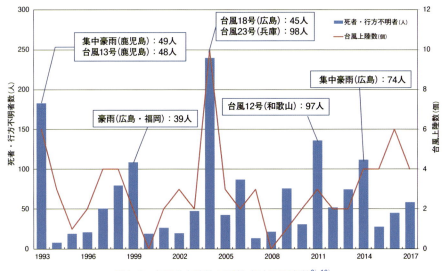

図1-6　台風の上陸数と死者・行方不明者数[9], [10]

1章　増大する自然災害と気候変動

1時間降水量50mm以上の年間発生回数（全国のアメダスによる観測1000地点）
図1-7　近年約40年間の短時間大雨の発生回数[11]

100mmを超す短時間大雨で地下鉄や市街地への浸水が発生している。

多くの人的被害を出した2004年の一連の台風被害、2009年中国・九州北部豪雨による被害、2010年大雪による被害、2011年台風12号による被害、2014年豪雨による広島土砂災害および2018年西日本豪雨災害の概要は以下の通りである。

2004年　台風15、18、23号

2004年には10個の台風が日本に上陸した。これらの台風のうち、甚大な被害を発生させたのは15号、18号、23号の3個の台風である。

1）台風15号の被害[12]

台風15号は2004年8月16日、フィリピンの東海上で発生し、19日には九州の西方海上を通過して日本海を北東に進み、20日に青森県津軽半島に上陸した。20日までの総降水量は四国地方で600mm以上、東北地方と北海道地方では前線の影響も含めて200mmから300mmを記録した。四国地方、九州地方、日本海沿岸地方で、死者10名、負傷者35名、全壊家屋19棟、半壊86棟の被害が発生した。

2）台風18号の被害[13]

台風18号は2004年8月28日マーシャル諸島近海で発生し、9月5日に大型で非常に強い勢力で沖縄本島北部を通過、その後7日にかけて長崎市付近に上陸して九州北部を横断した。強い勢力のまま日本海を北東に進みさらに

北海道の西方海上を北上した。この台風は沖縄地方、九州地方、中国地方および北海道地方と極めて広い地域に被害を発生させた。最大瞬間風速*は広島市で60m/s、札幌で50m/sを記録した。九州では900mmを超える大雨を観測したとの報告もある。この台風により、全国で死者43名、行方不明者3名、負傷者1,399名、全壊家屋144棟、半壊1,506棟の被害が発生した。

*「最大風速」は10分間の平均風速の最大値、「最大瞬間風速」は瞬間風速の最大値。

3）台風23号の被害[14]

　台風23号は、2004年10月13日にマリアナ諸島付近で発生し、大型で強い勢力を保ったまま19日から沖縄本島から奄美諸島沿いに進み、20日に高知県土佐清水市付近に上陸した。10月20日の台風上陸は観測史上3番目に遅い記録とされている。その後、大阪府南部に再上陸して近畿地方、東海地方に進んだ。台風と前線の影響で、四国地方と大分県で総降水量が500mm、近畿地方、東海・甲信地方で300mmを超えた。香川県東かがわ市では観測史上最大となる日雨量333mmを記録した。

　兵庫県豊岡市の円山川とその支流の、出石川、京都府の由良川および淡路島の州本川が氾濫した。また大雨により西日本を中心に多数の土砂災害が発生した。この台風による被害は、死者95名、行方不明者3名、負傷者721名、全壊家屋907棟、半壊7,929棟である。

図1-8　2004年台風23号兵庫県円山川の氾濫
※朝日新聞社提供

図1-9　2014年豪雨による広島県土砂災害[15]

2014年　豪雨による広島県土砂災害[15]

　2014年8月20日、広島県広島市安佐南区と安佐北区において、時間最大雨量87mm、24時間最大雨量247mmの豪雨が発生し、166件の土砂災害が発生した。土砂災害のうち107件は土石流による被害、59件が崖崩れによる被害である。土砂災害は沢沿いの傾斜地を切り拓いた新興住宅地を中心に発生した。この豪雨によって死者74名、全壊家屋133棟、半壊122棟の被害が発生した。

2015年　関東・東北豪雨[16]

　2015年9月9日、台風18号より変わった低気圧と太平洋側を北上した台風17号の影響で、9日から10日にかけて栃木県日光市五十里観測所で観測史上最大の時間雨量551mmを記録し、東北地方も含めて各地で時間雨量200mmを超える大雨となった。

　線状降水帯と呼ばれる帯状の雨雲が停滞し、鬼怒川では7箇所で溢水し、常総市三坂町で堤防が決壊した。この豪雨による関東地方での被害は、死者6名、全壊家屋76棟、半壊6,450棟、床上床下浸水11,151棟である。また宮城県での被害は死者2名、負傷者3名、全壊家屋2棟、半壊572棟、床上床下浸水865棟である。

図1-10　2015年関東・東北豪雨、鬼怒川の氾濫[17]

2018年　7月豪雨[18]

　2018年7月5日、前線が西日本に南下し、その後停滞した。一方、6月29日に東シナ海で発生した台風7号は北上し、対馬海峡付近を北東に進んだ後、7月4日に日本海で温帯低気圧となった。前線と台風7号の影響により、暖かく湿った大気が西日本に流れ込み、記録的な大雨を降らせた。

　6月28日から7月8日にかけての総降水量は四国地方で1,800mm、東海地方で1,200mmを越えた。また、24時間雨量も高知県で約700mm、岐阜県、佐賀県で400mm以上の大雨となった。この大雨により、死者220名、行方不明者9名(2018年8月2日現在)、負傷者381名、全壊家屋5,074棟、半壊4,589棟、一部損壊2,579棟、床上浸水13,983棟、床下浸水20,849棟の被害が発生した。

　国の直轄河川22水系47河川(321箇所)、都道府県管理河川68水系223河川が氾濫し、1万棟以上の家屋が床上・床下浸水した。土石流466件、地すべり50件、崖崩れ1,002件が発生し、鉄道、道路、住宅などに甚大な被害が発生した。

2018年　台風21号[19]

　8月28日南鳥島近海で発生した台風21号は、9月4日12時頃徳島県南部に上陸、同日14時頃兵庫県神戸市に再上陸した。上陸時の中心最低気圧は915hpa、暴風域の最大半径220kmで、高知県室戸岬では最大瞬間風速55.3m/s、大阪府田尻町関空島（関西空港）では最大瞬間風速58.1m/sを記録した。

　台風の襲来と満潮時が重なったため、各地で高潮が発生した。最高潮位は大阪市で最高潮位329cm、和歌山県・御坊市で316cmが報告されている。また、この台風は各地に短時間大雨を発生させた。高知県日野町では時間最大雨量92mm、兵庫県淡路市で86mmが観測された。

　この台風により、死者13名、負傷者912名、全壊家屋9棟、半壊46棟の被害が発生した他、70万戸が停電となった。石油精製施設でも、強風による冷却タワーの破壊、桟橋などに被害が発生している。高潮により関西空港では、A滑走路、誘導路などが浸水した他、ターミナルビルの電気設備、旅客・貨物取扱い設備に被害が発生し、ターミナルビルが約2週間閉鎖された。関西空港に航空燃料を供給していたタンカーが停泊中、強風によりアンカーが効かなくなり、漂流して連絡橋（橋長3,750mのトラス橋）の橋桁に衝突して橋桁が4m水平方向にずれた。この橋梁は上下2階建で、上部は6車線の自動車専用道路、下部は鉄道であり、9月18日には鉄道の運転が再開された。

都市水害

(1) 1999年6月豪雨[20]

　　1999年6月29日から30日にかけて西日本を中心に時間雨量100mmを越える豪雨が発生し、18,585戸が浸水した。長崎県勝本町と福岡県篠栗町では、それぞれ時間最大雨量122mm、100mmを記録した。福岡市博多駅周辺において大量の降雨が地下街、地下鉄およびビルの地下室などに激流となって流れ込み、地下室に閉じ込められた1名が死亡した。

(2) 2004年台風22号[21]

　　2004年10月9日台風22号が強い勢力のまま伊豆半島、関東南部を通過した。東京都千代田区大手町で時間最大雨量69mmを観測し、都内各地で道路が浸水した。図1-12に示すように東京メトロ麻布十番駅では、地上より

図1-11　強風による関西国際空港連絡橋へのタンカーの衝突
※朝日新聞社提供

流入した雨水により地下3階のホームが浸水した。

(3) 2005年秋雨前線降雨[22]

　2005年9月4日から5日未明にかけて、秋雨前線に台風14号からの暖気が流れ込み、東京都、埼玉県、神奈川県を中心に時間最大雨量が100mmを超える豪雨となった。この豪雨により、東京都の妙正寺川と善福寺川が氾濫し、浸水被害が発生した。図1-13は杉並区妙正寺川北原橋付近の状況を示す。この豪雨と台風により、関東地方で負傷者13名、床上浸水家屋3,107棟、床下浸水家屋3,284棟の被害が発生した。

図1-12　2004年台風22号東京メトロ麻布十番駅浸水[22]

図1-13　2005年前線杉並区妙正寺川北原橋付近豪雨の状況[23]

1章　増大する自然災害と気候変動　　21

1-2　近年の地震・津波災害(2001～2018)

1　世界の地震・津波災害

　世界的に地震と津波による災害が増大している。図1-14は1946年からの70年間に世界で発生した、1,000人以上の死者・行方不明者を出した地震・津波災害件数の5年毎の集計である。2011年から2015年の5年間については発生件数が減っているものの、1986年からの約4半世紀の間、地震・津波災害の発生件数がそれ以前の期間の発生件数に比較して急激に増大している。また、図1-1に示した風水害と同様に、アジア地域における災害が大半を占めている。1946年からの70年間で1,000人以上の死者・行方不明者を出した地震・津波災害は総計で48回発生しているが、そのうち約70％の31回がアジアで発生している。

　図1-15は、図1-14と同じ期間に世界で発生したマグニチュード(モーメントマグニチュードMw)7以上の地震の発生回数を示している。マグニチュード7以上の地震はアジアなどの開発途上国ではしばしば大きな災害を発生させてきている。これを見ると1990年代より発生件数がやや増加傾向にあるものの、図

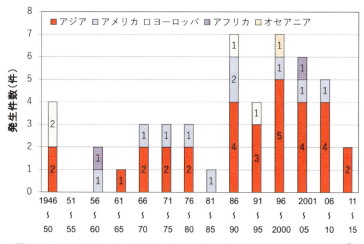

図1-14　1,000名以上の犠牲者を出した世界の地震・津波災害の発生件数[1]

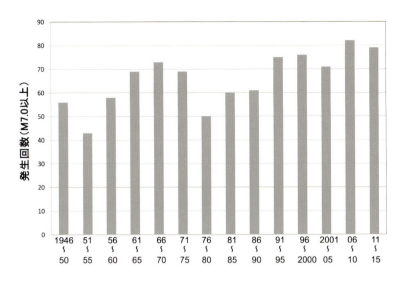

図1-15　マグニチュード7.0(Mw)以上の地震の発生回数[24]

1-14に示した地震・津波災害の発生件数の急激な増加傾向とは一致していない。地震の発生回数に比較して地震・津波災害の件数が増加している。上述したように災害の増加はアジア地区で顕著である。この原因として、アジア地区における防災社会基盤整備の遅れ、日干しレンガや煉瓦ブロックなどによる耐震性の低い住居への居住、都市域への人口の集中などがある。

図1-16は今世紀に入ってから、地震・津波災害の発生位置と死者・行方不明者数を示している。いずれも1,000人以上の犠牲者を出した災害である。1,000人以上の犠牲者は今世紀に入っての18年間で14回発生している。1年にほぼ1回、地震と津波による大災害が世界のどこかで発生していることを示している。14回の災害のうち11回がアジアで発生している。中でも、2001年インド・グジャラート地震、2003年イラン・バム地震、2004年スマトラ沖地震・津波、2005年パキスタン北部地震、および2011年東北地方太平洋沖地震は1万人を超える犠牲者を出す大災害となった。今世紀に入ってからの地震・津波による犠牲者は全世界で約70万名であるが、そのうち64％の45万名の生命がアジアで失われている。

1章　増大する自然災害と気候変動

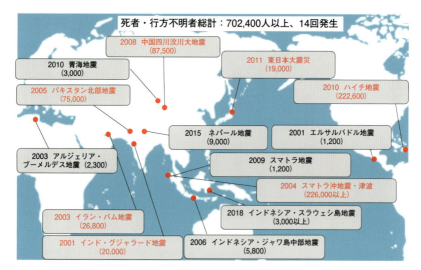

図1-16　21世紀に発生した1,000名以上の犠牲者を出した世界の地震[1]

2001年インド・グジャラート地震[25]

　2001年1月26日インド西部グジャラート州を震源とするマグニチュード（Mw）7.7、震源深さ17kmの地震が発生した。インド・オーストラリアプレートがユーラシアプレートの下に潜りこんでいる地域で、カッチ断層によって地震が引き起された。この地震による死者は約13,000名、負傷者約16万名、全壊家屋32万棟、半壊90万棟の被害が発生した。全壊家屋37万棟のうち、その多くは日干しレンガ造による家屋であり、家屋の崩壊によって多くの人命が失われた。家屋以外にも鉄筋コンクリート建物、アースダムなどに被害が発生した。

2003年イラン・バム地震[26], [27]

　2003年12月26日、イラン南東部のバム市地域を震源とするマグニチュード（Mw）6.6の地震により、死者27,200名、負傷者14,300名（イラン政府発表）の被害を発生した。震源地域はイラニアンプレート上に位置している。イラニアンプレートは北部のユーラシアプレートと南部のアラビアンプレートとインドプレートに挟まれており、地震はバム市内を横断する伏在逆断層によって

図1-17　2001年インド・グジャラード地震[28]

引き起されたとされている。

　特に被害が甚大であったのは伏在逆断層の直上に位置していたバム市で、建物25,700棟のうち約60％が崩壊し、死者約2万名、行方不明者約7,800名、全壊家屋約23,000棟、半壊約1,800棟の被害が発生している。被害を受けた建物の多くは日干しレンガ造である。水道、電力、通信、ガスなどのライフライン施設にも甚大な被害が発生した。

2003年アルジェリア・ブーメルデス地震[28]

　2003年5月21日アルジェリア北部のブーメルデス（首都アルジェの東方70km）付近を震央とするマグニチュード（Mw）7.7、震源深さ10kmの地震が発生した。この地域はユーラシアプレートとアフリカプレートの境界に位置している。海底の長さ40km逆断層によって引き起された。この地震により死者2,300名、負傷者11,450名、全壊・半壊建物96,000棟の被害が発生した。

2004年インドネシア・スマトラ沖地震[29]

　2004年12月26日、インドネシア・スマトラ島北西部海底を震源とするマグ

図1-18　2004年インドネシア・スマトラ沖地震

ニチュード（Mw）9.1の巨大地震が発生した。この地震によってインド洋沿岸で最大20mを超える大津波が発生し、沿岸諸国での死者・行方不明者総数229,700名の大災害が発生した。スマトラ島西岸地域では、インド・オーストラリアプレートがユーラシアプレートに潜りこんでおり、マグニチュード8から9クラスの地震が繰り返し発生してきている。2004年の地震ではマレー半島沖合のプレート境界約1,000kmが破壊したとされている。

2005年パキスタン北部地震[30]

2005年8月8日パキスタンとインドにまたがるカシミール地方にマグニチュード（Mw）7.6の地震により約75,000名の死者が発生した。地震はユーラシアプレートの下にインド・オーストラリアプレートが潜りこむプレート境界で発生したとされている。カシミールのパキスタン州とインド州を合わせて74,700名の犠牲者が出た。また、山岳地帯であったため多くの斜面崩壊が発生し、多数の家屋・建物、橋梁が被害を受けた。

2006年インドネシア・ジャワ島中部地震[31],[32]

2006年5月27日、インドネシア・ジャワ島、ジョグジャカルタ市南南西35km

図1-19　2005年パキスタン北部地震[30]

図1-20　2008年中国四川省汶川地震(斜面崩壊による堰き止め湖)[35]

のインド洋海底を震源とするマグニチュード(Mw) 6.3の地震が発生した。この地域はインド・オーストラリアプレートがユーラシアプレートに潜り込んでいるプレート境界に位置しており、2004年スマトラ沖地震・津波を引き起こした同じプレート境界である。

　この地震により死者・行方不明者5,428名、負傷者約11,000名、全壊家屋154,000棟、半壊260,000棟の被害が発生した。

2008年中国四川省汶川地震[33]、[34]

　2008年5月12日、中国内陸部の四川盆地とチベット高原の境界の位置する龍門山断層帯中央部においてマグニチュード（Mw）7.9の地震が発生した。破壊した断層の総延長は300km以上と推定されており、世界でも最大級の内陸断層地震となった。この地震により、死者約70,000名、行方不明者17,923名、倒壊家屋530万棟以上の被害が発生した。直接経済被害額は約13兆円と推定されている。地表地震断層が約80kmにわたって確認され、断層変位は鉛直方向6.2m、水平方向5.3mと計測されている。震源域が山岳地帯であったため、多数の斜面崩壊および道路トンネルと橋梁の被害が発生した。

2010年ハイチ地震[36]

　2010年1月12日、ハイチの首都ポルトーフランス西の南西25kmを震央とするマグニチュード（Mw）7.1の地震が発生した。ポルトーフランスに加え、西へ約30kmのレオガン、南へ120kmのジャクメルなどの主要都市に被害が発生した。この地震により、死者約20万名、負傷者約31万名、全壊家屋約9万7千棟、半壊約19万棟の被害が発生した。

2015年ネパール地震[37]

　2015年4月25日、ネパール中北部を震源域とするマグニチュード（Mw）7.8の地震が発生し、首都カトマンズなどで、多数のレンガ造および石積建築物の倒壊被害が発生した。本震に続いて、5月12日にカトマンズ北東のドラカ郡を震央とするマグニチュード（Mw）7.3の余震が発生した。これら一連の地震による犠牲者は8,532名、負傷者19,039名である。人的被害以外に、カトマンズの旧王宮など耐震対策が施工されていなかった歴史的建造物に被害が発生した。

2018年インドネシア・スラウェシ島地震[38]

　2018年9月28日、インドネシア・スラウェシ島の北部において海底断層を震源とするマグニチュード（Mw）7.5の地震が発生し、パル湾沿岸が最大11.3mの津波に襲われるとともに、液状化が原因の大規模な地すべりが発生して、死

(a) 地すべり前の市街地

(b) 地すべり後の市街地

図1-21　インドネシア・スラウェシ島地震による大規模地すべり
（図中の数値は標高を示す）

1章　増大する自然災害と気候変動　　29

者・行方不明者3,000人以上（2019年2月13日現在、死者・行方不明者の詳細は不明）、家屋倒壊7万棟以上の被害が発生した。

　大規模地すべりはパル市内3ヶ所で発生したが、図1-21はそのうちパル南部市街地の地すべり前後の衛星写真（Google Earth）を示す。写真に示すように、市街地の南西から北東方向に向けて、約1.0km、幅約500mにわたって大規模な地すべりが発生し、市街地の多くの建物と構造物をのみこんだ。

　図に示した数値はGoogle Earthデータによる標高を示す。西側より東側に向けて勾配約3%の緩やかな傾斜地であった。大規模地すべりを起した地盤は地下水位が高く、表層地盤はシルトと粘土を多量に含む砂質地盤であったと報告されている。強い地震動によって表層地盤が液状化して、強度を失い、重力によって泥流のように下方に移動したものと考えられる。

　液状化地盤の水平移動、すなわち側方流動はわが国でも1964年新潟地震、1983年日本海中部地震および、1995年兵庫県南部地震でも報告されているが、スラウェシ島地震のように、広範囲で大規模な流動は事例がない。

2　日本の地震・津波災害（2001〜）

　わが国では、21世紀に入っても地震や津波による災害が多発している。2018年までの18年間に死者が発生した地震が8回発生している。平均すれば2年に1回の割合で死者を伴う地震・津波災害が発生している。その中で2011年東北地方太平洋沖地震（東日本大震災）では、関連死を含めると2万人を超す犠牲者が発生した。これは1923年の関東地震（関東大震災）による犠牲者約10万人に次ぐ人的損失で、1995年兵庫県南部地震（阪神淡路大震災、約4,500名）を上回っている。

　2001年以降で人的被害を発生させた地震・津波災害の概要を以下に述べる。

2003年十勝沖地震[39]

　2003年9月26日北海道十勝沖でマグニチュード（Mw）8.3の地震が発生した。太平洋プレートが北米プレートに潜り込む地域で発生した地震で震源深さは42kmとされている。この地震により、死者・行方不明者2名、負傷者840名、全壊・半壊・一部損壊家屋は1,250棟の被害が発生した。また、札幌から釧路

図1-22 2003年十勝沖地震（長周期地震動によるタンク火災）

に至る広範囲な地域で液状化が発生し、港湾施設、盛土、ライフラインの埋設管路が被害を受けた。

苫小牧市の製油所において6〜8秒の卓越周期をもつ長周期地震動が発生し、直径約40mの原油およびナフサ併せて2基のタンクに火災が発生した。苫小牧市の地層は厚さ約2kmの堆積層（沖積層、洪積層、第3紀層）で構成されており、この堆積層によって、震源より伝播してきた地震動の長周期成分が大きく増幅され、内容液のスロッシング振動が発生したことがタンク火災の原因である。この事故を契機に、大型タンクおよび超高層建物の耐震設計における長周期地震動の見直しが行われた[40]。高圧ガス施設についてもタンク内容液のスロッシング振動を評価するための基準地震動が見直された。

また、2003年十勝沖地震では、震央より150km以上離れた札幌市清田区において、図1-23に示すように宅地造成地において液状化が発生した。後述するように2018年に発生した北海道胆振東部地震においても同一地点において液状化が発生した。

図1-23　2003年十勝沖地震（札幌市住宅地における液状化）

図1-24　2004年新潟県中越地震（風化岩盤斜面のすべり）

図1-25　2004年新潟県中越地震（上越新幹線の脱線）

2004年新潟県中越地震[41]

　2004年10月23日新潟県中越地方を震源としたマグニチュード（Mw）6.6の地震が発生した。内陸断層による地震で震源深さは約13kmである。地震前、この地域には2つの活断層（野々海峠断層郡および十日町断層）の存在が認識されていたが、この地震を引き起こした活断層の存在は認識されていなかった。マグニチュードが7クラス以下の地震では、地震発生前に活断層が確認されていない可能性があることを改めて認識することになった。

　この地震により、死者67名、重傷者636名、全壊家屋3,175棟、半壊および一部損壊約12万棟の被害が発生した。またライフラインの埋設管路と浄水場、発電所などのライフライン拠点施設に被害が発生し、電力・ガス・水道の供給停止戸数は、それぞれ約28万戸、5万6千戸、13万戸に達した。

　この地震の特徴の一つは斜面崩壊が多数発生したことである。この地域はプレートの移動による圧縮応力場の活褶曲地帯であり、斜面の風化が進み、かつ湧水地帯であったことが要因である。また、この地震により走行中の上越新幹線が脱線した。脱線による死者・負傷者は発生しなかったが、高速鉄道の走行安全性が見直され、東海道新幹線などに脱線防止用の補助レールが取付けられることになった。

図1-26　2007年新潟県中越沖地震(柏崎・刈羽原子力発電所の火災)

2007年能登半島沖地震[42]

　2007年3月25日、能登半島門前町沖合を震源とするマグニチュード (Mw) 6.7の地震が発生した。震源深さは約11kmである。長さ約20kmの右横ずれを伴う逆断層によって発生したとされている。この地域は北陸電力志賀原子力発電所建設のため、周辺の陸域と海域について綿密な活断層調査が行われていたが、能登半島地震を発生させた断層はこの調査では見落とされていた。海底の断層調査は一般に音波探査などにより行われているが、海底活断層の有無の判定、およびその規模の推定の難しさを改めて示すことになった。奥能登地方は、わが国の中では地震発生の頻度の低い地域であり、国による地震活動の長期評価の対象となっておらず、地震発生前の時点で、30年以内に震度6弱以上に見舞われる確率はわずか0.1％とされていた。この地震によって輪島市、七尾市、穴水市において、この地域としては観測史上初となる震度6強を記録した。地震動の発生確率マップが文部科学省の長周期地震予測委員会より定期的に発表されているが、その信頼性に改めて疑問を投げかけることになった。

　この地震による被害は死者1名、負傷者356名、全壊家屋・建物638棟、半

図1-27 2008年岩手・宮城内陸地震(荒砥沢ダム湖斜面の崩壊)

壊および一部損壊は13,553棟である。能登半島地震により、震央より20kmに位置していた志賀原子力発電所は地震発生時には稼動を停止していた。施設、機械などの被害は報告されていない。

2007年新潟県中越沖地震[43]

2007年7月16日、新潟県柏崎市の海底を震源とするマグニチュード（Mw）6.6の地震が発生した。海底の逆断層によって引き起された地震で、震源深さは17kmである。この断層は柏崎原子力発電所の建設時の活断層調査でその存在が確認されていたが、既に活動を停止している「死断層」と判定されていた。原子力発電所の設計と建設では通常の構造物に比較して綿密な活断層調査が行われているが、敷地付近に存在する活断層を漏れなく発見することが難しいことを示す事例となった。

柏崎原子力発電所では変圧器の火災が発生した。コンクリート基礎杭を有する変圧器と直接基礎のケーブルラック間の相対沈下により、変圧器の油が漏出し、何らかの理由で油が引火した。この原子力発電所の地震による事故を受けて、全国の原子力発電所において、配管と機器の耐震性の見直しが行

われ、補強工事が実施された。

　この地震による死者は15名、全壊の住宅棟数は133棟、半壊5,250棟である。ライフライン施設も大きな被害を受け、電力とガスの供給支障戸数はそれぞれ5,600戸、3,400戸であり、約60,000戸が断水となった。

2008年岩手・宮城内陸地震[44]

　2008年6月14日、岩手県南部の山岳地帯を震源とするマグニチュード（Mw）6.9の地震が発生した。震源深さは8kmである。地震後の調査によって、地震は地殻内の逆断層によって引き起されたことが明らかにされたが、震源は地震発生前に同定されていた活断層上になく、前述した2004年新潟県中越地震と同様、内陸の活断層の同定と地震の予知が難しいことを改めて示す地震となった。この地震による死者・行方不明者は23名、全壊家屋34棟、半壊および一部損壊家屋2,667棟である。震源が山岳地帯であったため大規模な斜面崩壊が発生した。斜面崩壊は地震断層の上盤側に集中して発生したと報告されている。そのほか河道閉塞による堰き止め湖、土石流および道路盛土の崩壊などが多数発生した。図1-27はこの地震による最大の斜面崩壊となった荒砥沢ダム湖斜面の崩壊である。全長1,300m、最大幅900m、崩壊土量は約7,000万m^3とされている。

2011年東北地方太平洋沖地震（東日本大震災）[45]

　2011年3月11日岩手県から茨城県沖の広大な領域を震源とするマグニチュード（Mw）9.0の巨大地震が発生した。太平洋プレートが大陸側の北米プレートに潜り込むプレート境界に発生した地震で、わが国では有史以来最大規模の地震となった。震源深さは24kmと推定されている。この地震により、岩手県から茨城県にかけての広い地域で震度6弱と6強、宮城県栗原市では震度7が観測された。2018年3月1日までの消防庁の調べでは死者19,630名、行方不明者2,569名、全壊家屋121,781棟、半壊280,962棟とされている。

　この巨大地震によって東北地方北部から四国沖に至る広範囲な沿岸に津波が襲来した。三陸海岸地域では津波高13mを観測し、また津波の陸上遡上高は約30mに達した。死者・行方不明者の大半はこの大津波によるものであっ

図1-28　2011年東北地方太平洋沖地震・津波（陸前高田市の被害）

た。津波は東京電力福島第一原子力発電所に核燃料融解という未曾有の原子力事故を発生させた。原子炉冷却用の電源と機器の機能損失が原因で、地震発生より8年余りが経過した現時点においても事故終結の目処は立っていない。福島原子力発電所の津波による災害については、本書のシリーズと同じ東京安全研究所・都市の安全と環境シリーズ2「臨海部産業施設のリスク」[46]に詳しい。

　国の中央防災会議や文部科学省の地震予知推進本部は宮城県の沖合にマグニチュード（Mw）7.5の中規模の地震が今後30年間で99%の確率で発生するとしていたが、実際に発生した地震は予測された地震の約180倍ものエネルギーを有する大地震となった。中央防災会議や地震予知推進本部の関心は、もっぱら南海トラフ沿いの東海地震、東南海地震および南海地震に向けられており、地震予知のための国の公的調査・研究資金のほとんどはこの海域につぎ込まれていた。

　後述する2016年熊本地震、2018年大阪府北部を震源とする地震、いずれも内陸断層によって引き起された地震であるが、これらの地震も予知も不可能であった。太平洋岸のプレート境界によって発生する地震も、内陸断層で発生する地震のいずれの地震も予知に失敗した。現在の地震学の状況では、当

1章　増大する自然災害と気候変動

面の間（1世紀ぐらいか）地震予知は不可能と思われる。地震予知に投入していた調査・研究資金を見直し、防災社会基盤施設の耐震性向上や地域社会の防災性向上のための研究や施策に重点を置く必要があると考える。また、従来の地震予知の手法に捉われない、GPSなどを活用した地殻の変位観測による新たな地震予知手法の研究・開発が必要である。

2016年熊本地震[47]

　2016年4月14日午前9時26分頃熊本県益城町を震源とするマグニチュード（Mw）6.5の地震が発生し、益城町と西原村で震度7を記録した。当初、気象庁はこの地震を"本震"と認定し、本震に続く"余震"に対しての警戒を熊本地方に呼びかけていた。ところが、2日後の4月16日午前1時25分に同一地域を震源とするマグニチュード（Mw）7.3の地震が発生し、気象庁はこの地震を本震と訂正した。

　いずれも熊本地方にある有田川断層と日奈久断層帯で発生したもので震源深さは前者の地震で11km、後者の地震で12kmであり、震源が浅いため、特に後者の地震では大きな被害が発生した。前震と余震の認定の誤りは、改めて内陸断層による地震予知の難しさ、というより不可能であることを認識させた。地震学では内陸断層による地震に比較して、太平洋護岸のプレート境界に発生する地震の予知は可能性が高いとし、特に南海トラフ沿いの巨大地震予知のため、多数の海底地震計の設置によりプレート構造の探査を行ってきた。地震の発生する日時の予知は難しいが、地震が発生する海域は予知可能だというのがその根拠であった。前述したように、2011年東北地方太平洋沖地震では発生時期のみならず発生場所の予知に失敗した。加えて熊本地震における前震と余震の取り違えである。多くの国民はこの2つの地震に関する気象庁の発表を聞いて、地震予知はほとんど不可能だと感じたことだと思われる。ようやく、政府も近未来に地震予知は不可能であることを認め、1978年以来、東海地震の発生が迫ったとされる時に発令される予定の東海地震警戒宣言を事実上断念し、南海トラフ地震に関しては「観測情報」を発信することになったが、この観測情報がどのような形で出され、その情報に対し地域社会がどのような対応するべきかについては明確に示されていない。

図1-29　2016年熊本地震(斜面崩壊)[47]

　熊本地震（余震による影響も含む）では、死者120名（地震後の疾病による死者を含む）、重傷者849名、軽症者1,488名、全壊建物30,329棟、半壊30,390棟、また地震後の火災16件が報告されている。

　被害が集中した熊本地方の地層はその大半が火山噴出物で構成されており、かつ阿蘇山を源流とする地下水の豊富な地域である。このため、阿蘇山とその周辺地域において多数の斜面崩壊が発生した。これらの斜面崩壊により多くの家屋が破壊されるとともに、道路・鉄道に甚大な被害が発生し、地震後の緊急対応と復旧作業に大きな障害をもたらした。

　熊本地震で注目されたのは、熊本城や阿蘇神社など文化財の被害である。熊本城の城郭は一部耐震補強（鉄筋コンクリート製の天守閣1960年完成）がなされていたが、屋根などに甚大な被害が発生した。また、熊本城の石垣も多くの部分で崩壊した。これらの被害は現在、原状回復（地震前の状態に回復する）を原則として復旧中であるが、将来同じような強度の地震動に見舞われる可能性を否定できないことを考えれば、従来からの建設工法、建設材料にこだわらず、文化財としての価値を低下させない配慮のもとで、耐震性の増強を考慮した復旧工法を積極的に採用することも必要である。

図1-30　2016年熊本地震(熊本城の被害)

2018年大阪府北部を震源とする地震[48]

　2018年6月18日大阪府北部を震源とするマグニチュード(Mw)6.1の地震が発生し、大阪市北区、高槻市などが震度6弱の揺れに見舞われた。この地震により、死者5名、負傷者400名余り、全壊家屋12棟、半壊273棟の被害が発生した。地震は大阪府北部の高槻断層によるものであったが、この場合も地震前にこの断層による地震の発生を予知することは出来なかった。再び、内陸断層による予知が事実上難しいことが示された。日本列島全体では2,000を超える活断層が存在しているとされ、これら断層による地震の予知がほとんど不可能なことから、大都市圏においても直下型地震による大災害が起こり得ることを改めて認識させられた地震である。

　この地震でもう一つ注意を払う必要がある被害は、ブロック塀や家具が倒壊して人命を奪ったことである。ブロック塀による通学児童の死亡は、教育委員会をはじめとする学校関係者の、身近にある危険性への認識が希薄であったことを示している。また、家具の転倒防止などの対策の必要性はこれまで繰り返し指摘されてきたことであるが、一般の住民の危険性への認識が徹底されていないことを示した。今後の地域防災や防災教育にこの事故の反省を十分に反映していかなければならない。

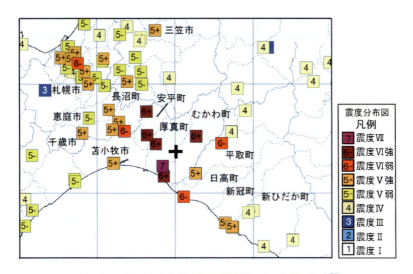

図1-31　2018年北海道胆振東部地震による各地の震度[50]

平成30年（2018年）北海道胆振東部地震[49]

　2018年9月6日午前3時8分、北海道胆振地方東部を震央とする。マグニチュード（Mw）6.6の地震が発生した。震源深さは約37kmとされている。石狩低地東縁断層帯の中の逆断層によって引き起されたとの見解もあるが、震源の深さより見て、その破壊が東縁断層帯を通して、地表近くに伝播したとの見解もある。今後、地表面での地震動観測記録などの分析を通じて震源メカニズムが明らかにされることになる。

　政府の地震予知研究推進本部の地震前の予測では、「今後30年間で、この地域におけるM＝7.9の発生確率はほぼ0％、M＝7.7で0.2％」と極めて低い確率が示されていた。熊本地震と同様に、この地震によっても、内陸活断層による地震の予知が不可能であることが示された。内陸地震に関しては、その発生位置も時期も予測することは不可能であることを前提とし、今後各地域の地震対策を整備することが必要である。地震予知研究推進本部は時折、日本各地の地震発生確率を発表し、マスコミもそれを取り上げて報道しているが、発生確率をあえて発表するのであれば、その信頼性についても十分に説明する必要がある。低い発生確率を公表することにより、その地域の住民が地震発生の危険性を軽視し、地震対策が十分にとられない場合も考えられる。

この地震による被害は、死者41名、負傷者81名、全壊家屋139棟、半壊242棟 (2018年9月18日現在、消防庁発表) である。

　KIKNetによる加速度記録によれば、震央付近の追分 (IBUHOI) で南北方向で最大加速度1,316cm/s^{2}を観測した。マグニチュード6.7と地震の規模は中規模であったが、震央付近で極めて強い地震動が発生した。北海道各地での震度を図1-31に示す。震度Ⅶを厚真町、Ⅵ強を安平町、むかわ町、Ⅵ弱を千歳市、日高町、平取町で記録している。

　今後の地震対策を考える上で、北海道胆振東部地震で注目すべき被害は、全道に広がった大停電である。震央より約30kmに位置していた北海道電力苫東厚真火力発電所が緊急停止し、その影響が他の火力・水力発電所に波及して一斉に発電を停止した。いわゆる「ブラックアウト」と呼ばれる状況になった。苫東厚真火力発電所は総出力165万kWの発電能力を有していた発電所で、北海道全体の約1/2の電力の供給を担っていた。地震後の調査によれば主要発電機器であるボイラーの配管やタービンが破損しており、完全な復旧には約2ヶ月を要することとなった。

　北海道全体の半分近くの電力を苫東厚真火力発電所に供給していたことが「ブラックアウト」の原因であるが、北海道電力は積丹半島の入口の泊村に総出力207万kWの原子力発電所を有していた。しかしながら泊原子力発電所は2011年東北地方太平洋沖地震における福島第1原子力発電所の大事故以来、停止したままの状態になっている。

　今回の地震による大停電は首都圏の電力供給にも問題を投げかけている。東京湾の沿岸に14の火力発電所 (LNG、石油、石炭による発電) が集中している。東京電力は東京湾以外にも茨城県の太平洋沿岸に火力発電所を有しており、首都圏の電力供給の一部を担っているが、首都圏の大半の電力は東京湾岸の火力発電所が供給を受け持っている。これら東京湾沿岸の発電所が同時に発電停止に陥るという事態は考えにくいが、どの発電所も埋立地に建設されており、地盤の液状化や側方流動に起因して被災し、発電が停止される可能性も否定できない。

　わが国の火力発電の原燃料はLNG、石油、石炭などであり、原燃料の輸入と発電用冷却水の必要性より、臨海部に建設されている。仮に、将来の地震

図1-32 2018年北海道胆振東部地震(火山噴出物斜面の崩壊)[51]

により石油コンビナートの原油タンクが破壊され、油が海上に流出した場合、航路が閉塞されて発電用燃料の輸入に深刻な影響を与える。このため、電力の安定供給の観点から、内陸部に大規模な発電施設を建設する動きがある。

　北海道胆振東部地震が再び提起した課題は、火山灰や軽石などの火山噴出物による斜面の大崩壊である。厚真町吉野地区では住民34人のうち19人が崩壊土砂により死亡した。地震の発生が午前3時であったことも犠牲者を増やす原因となった。

　火山国であるわが国では火山噴出物の斜面の崩壊は既往地震によっても度々発生している。1984年長野県西部地震では御嶽山の頂上付近の斜面が大崩壊を起している。総量3,450万m^3と推定される崩壊土砂が、時速80kmの速さで斜面を駆け下り、下流の王滝村の谷を埋めつくして29名の生命が失われた。

　この他、2008年の岩手・宮城内陸地震では図1-27に示したように荒砥沢ダム湖の斜面が、総土量7,000万m^3、幅900m、全長3kmにわたって崩壊した。

　熊本地震においても図1-29に示すように阿蘇山の斜面が崩壊し、阿蘇大橋を破壊する被害が発生している。火山噴出物によるもう一つの被害は地盤の液状化である。札幌市清田区の造宅地において大規模な液状化が発生した。この地区は主として火山噴出物で構成された丘陵地であったが、札幌市の人

図1-33　2018年北海道胆振東部地震(宅地造成地の液状化)

口増に対応して昭和40年代より造成されてきた。丘陵地の標高の高い部分を削り、谷を含む低地を埋め立てるという造成の方法が採られていた。液状化が発生したのは主として埋め立てられた地域である。多くの家屋が傾斜と沈下を起すとともに、水道などライフライン埋設管路に多数の被害が発生して、長期の断水の要因となった。

1-3　増大する自然災害の要因と対応

1　国土構造の災害脆弱性

　大都市圏への人口と資産が集中し、金融・交通・物流拠点などの経済活動が集積している。一極集中による効率化が、わが国に世界にも例を見ない飛躍的経済発展をもたらしたことも事実である。しかしながら、都市部の人口が急増する中、公共施設を含めた市街地・住宅地の計画的な開発・整備が行われなかったことにより、無秩序な密集市街地が都市部に形成された。これにより、慢性的な交通渋滞や過密で長期間の通勤時間など人々の労働環境、生活環境を悪化させてきた。また、東京をはじめ大都市圏への過度の集中は地震災害や風水害に対する防災力の著しい低下を招き、国力の減退のリスクを増大させている。

　全国の市街地の中で、地震時などにおいて大規模な火災の可能性があり、重

点的に改善すべき密集市街地（重点密集市街地）」は約8,000ha存在し、そのうち約60％が東京都と大阪府に集中している。密集市街地には、狭小な敷地に老朽化した木造建築物が高密度に建ち並んでおり、細街路が多く、公園などのオープンスペースが少ないことなどにより、地震発生時に家屋の倒壊と同時多発火災および大規模な延焼を起こす可能性が高い。また、耐震性の低いブロック壁や倒壊・落下の危険性の高い障害物も多数放置されている。

また、都市部では、地下街、地下鉄道など地下空間の利用が進められている。これらの地下施設は集中豪雨、洪水、津波、高潮などによって短時間に浸水する危険性にさらされている。わが国都市圏の下水道の排水能力は一般に時間降雨50mmを対象としているが、1-1節「2　日本の風水害」で述べたように、この50mmを大きく超える短時間大雨がしばしば発生するようになってきている。

大都市周辺における丘陵地、河川氾濫原およびゼロメートル地域への居住地の拡大もまた、災害への脆弱性を増大させている。もともと、地すべり地帯や河川の氾濫原など人々が居住を避けてきた危険地域が、都市部における住宅地不足より住宅地として開発され、主として地方からの移住者が多く居住するようになった。各自治体が地すべり危険マップや液状化マップを公表しているがこれらの移住者の多くは居住地に潜在する災害危険性を十分には認識していない。

大都市域における運輸・交通施設の安全性の確保は、災害後の応急活動および復旧・復興活動に重大な影響を与える。しかしながら、これらの運輸・交通施設は、常時より渋滞や過度の混雑などの問題を抱えており、災害時における長期にわたる機能損失が危惧されている。さらに都市部における昼間人口の増大とあいまって、災害時には大量の帰宅困難者・避難民を発生させることになる。

都市部への過度の人口集中により、地方では過疎化が進行している。少子高齢化の影響も受けて、過疎化が一層深刻化している。さらに、地方の産業構造の変化による林業や小規模農業の衰退が、森林の荒廃や耕地の減少を招き、水害の危険性を高め、国土景観の維持にも深刻な影響を与えている。

地方の過疎化は地域コミュニティを弱体化させ、防災情報の伝達や適切な

警戒・避難誘導行動、発生時の救急活動および復旧・復興活動に重大な影響を与えている。さらに、過疎化の進んだ地域では緊急医療体制も不足しており、災害時の救急体制に深刻な欠陥が生じている。このような過疎・高齢化によるコミュニティの自然災害に対する脆弱化は、離島や沿岸部および中山間地域の孤立集落などにおいて顕著である。発生直後の航空写真や衛星写真および近年利用が進んでいるドローンなどによる空中からの災害状況のいち早い把握と関係機関への発信体制の整備、緊急援助のための早期の道路啓開体制の整備が求められている。

2　社会基盤施設の脆弱性

　1995年兵庫県南部地震による被害を契機として、鉄道、道路、港湾など社会基盤施設および電力・ガス・上下水道・通信などのライフライン施設の耐震補強が進められてきている。また、都市部を中心に建物・家屋などの耐震化も進められている。兵庫県南部地震以来のこれらの耐震化では、従来から考慮されていたマグニチュード8クラスの地震によるやや離れた地点での地震動に加えて、マグニチュード7クラスの地震の近傍域での地震動を想定して、構造物の耐震化が行われてきた。発生が逼迫されているとされる南海トラフ巨大地震のマグニチュードは9.0と想定されている。震源域は東海地方から四国地方の海域から陸域にかけて拡がっている。この領域には名古屋・大阪などの大都市圏が位置しており、新幹線、高速道路など主要な社会基盤施設の他、電力、石油、鉄鋼など多くの主要産業施設が立地している。これらの構造物・施設はそれぞれの分野の耐震設計基準や指針に基づいて設計、建設されてきてはいるが、一般に南海トラフ巨大地震や首都直下地震による地震力はこれらの原設計による地震力を上回ると予想されており、耐震性が確保されているとは言い難い状況である。また、液状化現象とそれによる被害をはじめて工学的に認識した1964年新潟地震以前に建設されてきた道路・鉄道・港湾などの社会基盤施設やガス・上下水道などのライフライン施設で液状化対策が施工されていない施設が数多く残されている。これらの施設の液状化対策が国、自治体、民間事業者によって進められているが、対象施設・構造物が膨大な数になることから、早期の対策が難しい状況である。

図1-34　南海トラフ巨大地震と首都直下地震の震源域および主要産業施設

　産業施設の多くは、第2次大戦後の復興期1950年代に建設されており老朽化が進んでいる。長周期地震動による大型貯槽内容物の揺動振動によって危険物施設や高圧ガス施設が被害を受ける可能性もある。貯槽などの破壊によって危険物などが海上に流出する可能性も否定できない。現在、国は首都圏の自然災害に備えて、東京などに基幹的広域防災拠点を建設し、災害後の応急活動・復旧活動のための人員・資材をこの拠点に確保しようとしているが、海上への危険物流出物によって海上輸送に大きな障害が出ることも予想される。

3　気候変動とその影響

　地球規模での気候変動が進行し、これにより世界的に極端な異常気象が増加している。本節では、わが国と世界の気候変動と異常気象の現況を概説するとともに、IPCC（気候変動に関する政府間パネル：Intergovernmental Panel on Climate Change）による今後の気候変動の予測を述べる。

世界の気候変動

　図1-35（a）に世界の平均気温の経年変化、図1-35（b）に世界の海面水温の経年変化を示す。これらは米国海洋大気庁（NOAA）が整備したGHCN（Global Historical Climatology Network）データ、海面水温と海上気象要素の客観解析データベースCOBE（Centennial in-situ Observation Based Estimates of variability of SST and marine meteorological variables）をもとに気象庁が作成したデータをもとにしている。世界の年平均

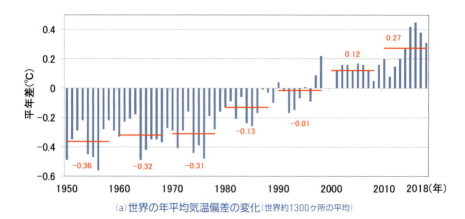

(a) 世界の年平均気温偏差の変化(世界約1300ヶ所の平均)

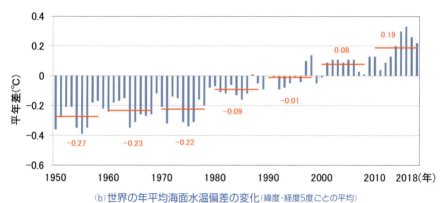

(b) 世界の年平均海面水温偏差の変化(緯度・経度5度ごとの平均)

※1981〜2010年の30年の平均値を基準点とし、その偏差を平年差としている。
※赤線は10年ごとの平均線。

図1-35　世界の平均気温・海面水温の経年変化[52),53)]

　気温は、数年間の小さな変動を繰り返しながらも確実に上昇してきていることが分かる。気温の上昇は、後述するように桜の開花日の早まりやカエデの紅葉時期の遅れなど、われわれの身近な生活環境に影響を与えている。また海面水温の上昇は世界的に巨大台風・サイクロン・ハリケーンの発生の要因となっている。

　気温の上昇は地球規模で様々な現象を引き起して来ている。図1-36北極域の氷海域の変化の衛星写真による解析画像では、北極域の海氷域面積は1980

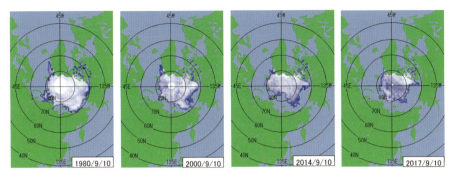

※ NASS(North American Spine Society)、およびNSIDC(National Snow and Ice Data Center)から提供された人工衛星搭載のマイクロ波放射計のデータを使用
※ 海氷密接度：海面に占める氷で覆われた面積の割合（海氷域面積は海氷の密接度が15%以上の領域の面積）

図1-36　北極海の海氷分布の変化[54]

年以来明らかに減少している。中でも海氷域面積の年最小値は減少は顕著で、年平均で1.9万 km² もの氷海域が減少している。

日本の気候変動

図1-37は気象庁の統計による1900年から2017年までの日本各地の平均気温の変化を示す。年によって変動はあるものの札幌、東京、福岡での平均気温が約120年間で、2.4～2.9℃上昇していることを示している。

われわれの生活環境においても温暖化を実感させられる現象が顕著に表れてきている。図1-38は1960年から約60年間の桜の開花日の推移である。全国的に桜の開花は1960年からの約半世紀で早まっている。その傾向は日本列島の南に位置する都市で顕著である。図によれば札幌で4.5日、福岡で11.2日、桜の開花が早くなっている。

図1-39はカエデの紅葉日の変化を示す。桜の開花日が全国的に早くなっているのに対して、逆にカエデの紅葉日は遅くなっていることが分かる。札幌では19日、福岡では1ヶ月以上も紅葉が遅くなっている。サクラの開花日が早まり、カエデの紅葉日が遅くなる傾向は、これらの現象が発現する前の平均気温との相関が高いことから、長期的な気温上昇の影響と考えられる。

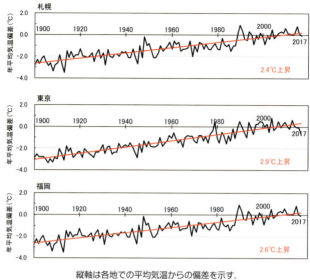

縦軸は各地での平均気温からの偏差を示す。
統計期間(1900〜2017年)

図1-37 日本各都市の気温変化[55]

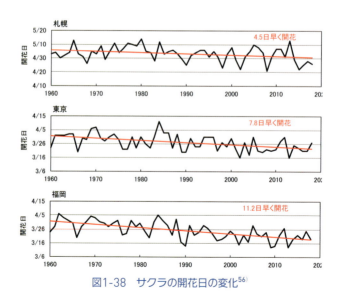

図1-38 サクラの開花日の変化[56]

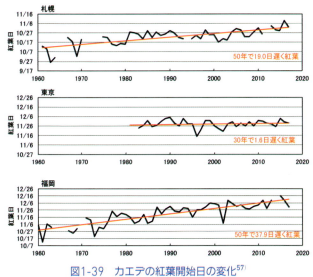

図1-39　カエデの紅葉開始日の変化[57]

極端な気象現象の増加

　気候変動に起因していると考えられる異常気象現象として竜巻やダウンバーストの発生とそれらによる被害が近年しばしば報告されるようになった。図1-40に1961年からのわが国における竜巻の発生件数を示す。約60年の期間でみると、最近20年間で特に竜巻の発生回数が増大している傾向は明確ではない。これは、1990年以前は「竜巻またはダウンバースト」の発生を確認する資料が少ないことが一因と考えられる。

　また、近年わが国に襲来する台風が大型化し、強さが増大しているのではないかとの推測もしばしば聞かれるようになった。表1-1に示すように台風は大きさと強さで階級分けがされている。「超大型」および「大型」台風の発生件数を図1-41に、「猛烈な」または「非常に強い」の台風の発生件数を図1-42に示す。この統計を見る限り最近10年ほどで「超大型」または「大型」台風の発生件数が特に増加している傾向は見られない。また「猛烈な」または「非常に強い」台風の増加傾向も明らかでない。

　近年、異常気象に関するテレビ、新聞などの報道が過剰気味で、「台風が巨大で猛烈になってきた」というような科学的根拠がない世論が形成されることに留意しつつ、異常気象の発生に十分な注意を払わなければならない。

1章　増大する自然災害と気候変動

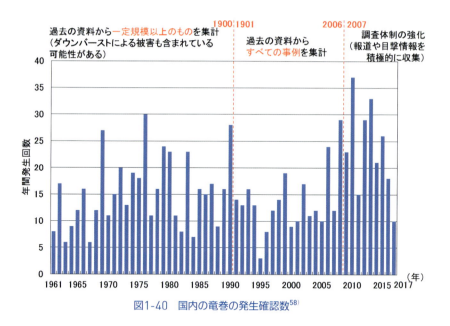

図1-40 国内の竜巻の発生確認数[58]

表1-1 台風の大きさ、及び強さの階級[59]

大きさの階級分け

階級	風速15m/s以上の半径
大型（大きい）	500km以上～800km未満
超大型（非常に大きい）	800km以上

強さの階級分け

階級	最大風速
強い	33m/s（64ノット）以上～44m/s（85ノット）未満
非常に強い	44m/s（85ノット）以上～54m/s（105ノット）未満
猛烈な	54m/s（105ノット）以上

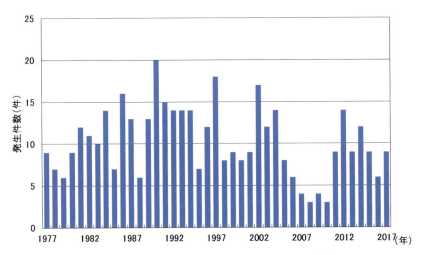

図1-41 「超大型」、または「大型」台風の発生件数[60]

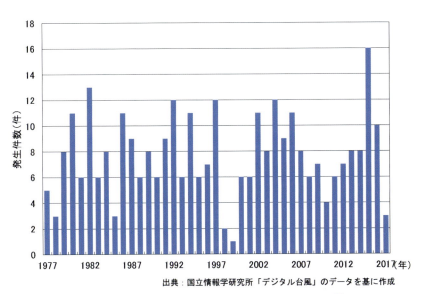

出典：国立情報学研究所「デジタル台風」のデータを基に作成

図1-42 「猛烈な」または「非常に強い」の台風の発生件数[60]

表1-2 これまでの報告書[61]

報告書	公表年	人間活動が及ぼす温暖化への影響についての評価
第1次報告書 First Assessment Report 1990（FAR）	1990年	「気温上昇を生じさせるだろう」 人為起源の温室効果ガスは気候変化を生じさせる恐れがある。
第2次報告書 Second Assessment Report: Climate Change 1995（SAR）	1995年	「影響が全地球の気候に表れている」 識別可能な人為的影響が全球の気候に表れている。
第3次報告書 Third Assessment Report: Climate Change 2001（TAR）	2001年	「可能性が高い（Likely）」（66％以上） 過去50年に観測された温暖化の大部分は、温室効果ガスの濃度の増加によるものだった可能性が高い。
第4次報告書 Forth Assessment Report: Climate Change 2007（AR4）	2007年	「可能性が非常に高い（Very likely）」（90％以上） 温暖化には疑う余地がない。 20世紀半ば以降の温暖化のほとんどは、人為起源の温室効果ガス濃度の増加による可能性が非常に高い。
第5次報告書 Fifth Assessment Report: Climate Change 2013（AR5）	2013〜2014年	「可能性が極めて高い（Extremely）」（95％以上） 温暖化には疑う余地がない。 20世紀半ば以降の温暖化の主な要因は、人間の影響の可能性が極めて高い。

IPCCによる気候変動の評価報告

　IPCCはWMO（世界気象機関：World Meteorological Organization）とUNEP（国連環境計画：United Nations Environment Programme）のもとに設立された組織であり、気候変動に関する科学的見解を取りまとめ、各国政府の気候変動に関する政策に科学的な根拠を与えることを目的としている。IPCCには195の国や地域が参加しており、参加国のコンセンサスにもとづき評価結果を報告している。

　IPCCは総会と3つの作業部会および温室効果ガス目録に関するタスクフォース（インベントリー・タスクフォース）により構成されており、5〜7年毎に気候変動に関する科学的見解を取りまとめた報告書（Assessment Report）を発表してきた。2013年〜2014年にかけて第5次評価報告書（AR5）を発表した。第1次報告書から第5次報告書までの「人間活動が及ぼす温暖化への影響についての評価」の概要を表1-2に示す。

　1990年に出された第1次報告書では「人間活動が将来気温上昇を生じさせ

るだろう」の表現であったが、1995年の第2次報告書では「人間活動の影響が全地球の気候に表れている」となり、2001年の第3次報告書では「人間活動の影響が温暖化に影響している可能性が高い」と修正され、その後の第4次（2007）、第5次（2013〜2014）ではそれぞれ「可能性が非常に高い」、「可能性が極めて高い」に修正されてきた。IPCCの評価では気温上昇の原因を人為的なCO_2などの排出が温暖化の要因と結論付けている。

気候変動の予測

　IPCCではこれまで、大気中の温室効果ガス濃度やエーロゾル*量がどのように変化するかを仮定し、気候変動の予測を行ってきた。第4次報告書では「排出シナリオに関する特別報告（SRES：Special Report on Emission Scenarios）」をもとに温室効果ガスの排出シナリオを仮定した。このSRESシナリオは社会的、経済的な将来像による排出シナリオから将来の気象を予測するものであるが、国連気象変動枠組条約の実施や京都議定書の削減目標の履行などの政策主導的な排出削減対策は考慮されていなかった。

<small>＊エーロゾル：空気中に浮遊する半径0.001〜10μm程度の微粒子。太陽放射を散乱、吸収する「日傘効果」と地球からの赤外線を吸収、再放射する「温室効果」も持つ。さらに雲粒の核となることから、間接的に地球の放射収支を変える効果も持つ。</small>

　IPCCでは、大気中の温室効果ガス濃度やエーロゾル量の変化による放射エネルギーの収支の変化量を放射強制力と定義し、地球のエネルギーバランスの変化を評価している。正の放射強制力は地表面の温暖化を、負の放射強制力は地表面の寒冷化をもたらす。第5次報告書では、政策的な温室効果ガスの緩和策を前提とした4つの排出シナリオ（RCP8.5シナリオ、RCP6.0シナリオ、RCP4.5シナリオ、およびRCP2.6シナリオ）を仮定している。RCP8.5シナリオは2100年までに放射強制力が8.5Wm-2以上となりそれ以降上昇を続ける、最も温暖化が進むことを想定するシナリオである。RCP6.0シナリオ、およびRCP4.5シナリオは2100年以降に放射強制力がそれぞれ4.5W m-2、6.0W m-2で安定化することを想定したシナリオである。RCP2.6シナリオは2100年以前に放射強制力がおよそ3W m-2でピークとなりその後減少する、最も温暖化を抑えた場合を想定したシナリオである。

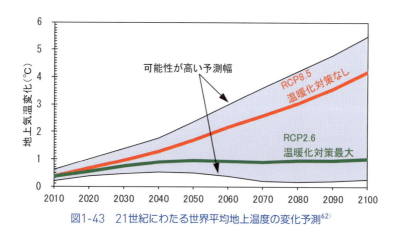

図1-43　21世紀にわたる世界平均地上温度の変化予測[62]

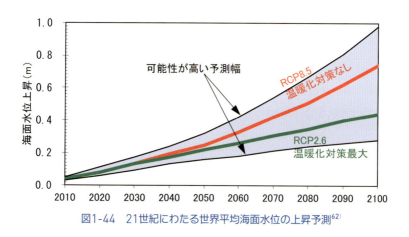

図1-44　21世紀にわたる世界平均海面水位の上昇予測[62]

　第5次報告書の第1作業部会では、このRCPシナリオのもと21世紀末の世界平均地上気温と海面上昇を予測している。各シナリオをもとにした世界平均地上気温と海面上昇の予測値を図1-44に示す。これはどのシナリオを想定しても、21世紀末の地上気温や海面水位が現在よりも上昇することを示しており、温暖化対策を行わないRCP8.5では地上気温4.2℃、海面水位0.74mの上昇と予測されている。さらに予測幅の精度を考慮に入れると最大で地上気温5.5℃、海面水位0.98mの上昇となる。

温暖化に対する懐疑論

　IPCCの第5次報告書では、気象システムの温暖化には疑いの余地はなく、人間の影響が温暖化の支配的な要因であった可能性が極めて高いと結論しており、多くの科学者の間で合意が得られている状況である。しかしながら地球温暖化は人為的なものではない、地球は温暖化していないといういわゆる「地球温暖化懐疑論」が少数ながら見受けられる。

　増田ら（増田 耕一, 明日香 壽川, 吉村 純, 河宮 未知生, 2006: 地球温暖化への懐疑論に関する考察. 日本の科学者, 41, 492-497.）はいくつかの懐疑論を紹介しそれに対する批判を述べている。以下にその代表例を記載する。

①人類社会には貧困などの重要な問題があり、温暖化問題の優先度は低いという主張（Lomborg, B. 編, Global Crises, Global Solution, Cambridge University Press, 2005年.）

②温暖化問題は、排出権市場や対策事業によって利益をあげようとしている人々によってつくられた問題ではないかという批判（江澤 誠, 欲望する環境市場. 新評論, 2000年、江澤 誠,『京都議定書』再考. 新評論, 2005年、Lenoir, Y., Climat de panique. Editions Favre (Lausanne), 2001年; 神尾 賢二 訳, 気候パニック. 緑風出版, 2006年.）

③海面水温が原因で大気中のCO_2濃度が増加しているのではないかという議論（槌田 敦, CO温暖化脅威説は世紀の暴論. 環境経済・政策学会編, 地球温暖化への挑戦, 230-244, 東洋経済新報社, 1999年、槌田 敦, CO_2温暖化説は間違っている. ほたる出版, 2006年.）

④CO_2が温室効果をもつことを否定する主張（Lenoir, Y., Climat de panique. Editions Favre (Lausanne), 2001年; 神尾 賢二 訳, 気候パニック. 緑風出版, 2006年.）

⑤CO_2の温室効果が温度を上昇させようとする作用に対して、気象システムによる負のフィードバックがあり、温度変化が小さくとどめられるという主張（Hou, A.Y., Does the Earth have an adaptive infrared iris? Bull. Amer. Meteorol. Soc., Vol. 82, 417 - 432, 2001年.）

⑥20世紀の100年間に見られる気温の変化傾向の主原因は太陽活動にあるという主張（Benestad, R., Solar Activity and Earth's Climate. Springer-Praxis, 2002年、Benestad, R.,

参考文献・引用文献

1) 1900年以降の世界の主な自然災害の状況，平成30年版防災白書附属資料24，内閣府，2018をもとに作成
2) 佐藤照子他，2005年米国ハリケーン・カトリーナ災害の特徴，防災科学技術研究所主要災害調査，第41号，2006
3) 国土交通省，http://www.mlit.go.jp/kisha/kisha05/11/110930/01.pdf
4) 土木学会海岸工学委員会，2007年バングラデシュ・サイクロンSIDR高潮水害，2007
5) バングラデシュサイクロン・シドル災害現地調査について，国土交通省，2007
6) Interisk Asia (Thailand) Co.Ltd. ミャンマーの自然リスク〈シリーズNo.3〉ミャンマーにおけるサイクロンのリスク，2015
7) TOKIO MARINE NICHIDO，リスクマネージメント最前線，フィリピンにおける台風30号ハイエンの被害と忍び寄る高潮リスク，2013No.50https://www.eorc.jaxa.jp/TRMM/typhoon/html/doc/glossary_j.htm
8) 我が国における近年の主な自然災害，平成30年版防災白書附属資料7，内閣府，2018をもとに作成
9) 自然災害による死者・行方不明者数内訳，平成30年版防災白書附属資料9，内閣府，2018をもとに作成
10) 気象庁，https://www.data.jma.go.jp/fcd/yoho/typhoon/statistics/landing/landing.htmlをもとに作成
11) 気象庁，http://www.data.jma.go.jp/cpdinfo/extreme/extreme_p.htmlをもとに作成
12) 気象庁，災害をもたらした気象事例，台風15号，https://www.data.jma.go.jp/obd/stats/data/bosai/report/2004/20040817/20040817.html
13) 気象庁，災害をもたらした気象事例，台風18号，https://www.data.jma.go.jp/obd/stats/data/bosai/report/2004/20040904/20040904.html
14) 国土交通省，平成に入っての最悪の人的被害，過去最多の10個目の台風上陸，2004年の自然災害，台風23号，2004
15) 2014年8月20日に広島市で発生した集中豪雨に伴う土砂災害，砂防学会誌，vol.67，No.4，pp.49-59，2014
16) 国土交通省，水害レポート2015，関東東北豪雨（9月9日〜11日），2015
17) 国土交通省関東地方整備局，http://www.ktr.mlit.go.jp/ktr_content/

content/000634942.pdf#search=%272015%E5%B9%B4+%E9%AC%BC%E6%80%92%E5%B7%9D+%E6%B0%BE%E6%BF%AB%27

18）気象庁，災害をもたらした気象事例，平成30年7月豪雨（前線及び台風第7号による大雨等），2018

19）気象庁，災害をもたらした気象事例，台風第21号による暴風・高潮等，https://www.data.jma.go.jp/obd/stats/data/bosai/report/2018/20180911/20180911.html

20）気象庁，災害をもたらした気象事例，梅雨前線，低気圧，https://www.data.jma.go.jp/obd/stats/data/bosai/report/1999/19990623/19990623.html

21）国土交通省水管理・国土保全，水害を考える

22）国土交通省，http://www.mlit.go.jp/river/pamphlet_jirei/bousai/saigai/kiroku/suigai/suigai_3-3-6.html

23）国土交通省，河川激甚災害対策特別緊急事業（激特事業），http://www.mlit.go.jp/kisha/kisha05/05/051118/01.pdf#search=%27%E6%B0%B4%E5%AE%B3++%E6%9D%89%E4%B8%A6%E5%8C%BA%E5%A6%99%E6%AD%A3%E5%AF%BA+2005%E5%B9%B4%27

24）米国地質調査所（USGS），https://earthquake.usgs.gov/earthquakes/browse/ をもとに作成

25）土木学会，The Kutch Earthquake, Gujarat State, India, 震災シリーズ7，2001

26）高田至郎・鍬田泰子，2003年イラン・バム地震の特徴と課題，シンポジウム「近年の国内外で発生した大地震の記録と課題」，2006

27）目黒公郎他，2003年12月26日イラン・バム地震被害調査速報会概要集，2004

28）地震工学会，土木学会，建築学会，地盤土木学会，Boumerdes Earthquake，2003

29）Hirata, K., K. Satake, Y. Tanioka, T. Kuragano, Y. Hasegawa, Y. Hayashi and M. Hamada, The 2004 Indian Ocean Tsunami: source model from satellite altimetry, *Earth Planets Space* 58, 2006, 195-201,

30）JSCE-AIJ Joint Investigation/Technical Support Team for Restoration and Reconstruction of Affected Areas by the Pakistan Earthquake on Oct. 8 2005

31）Omer Aydan, The damage induced by The central Java earthquake of May 27, 2006, 2006

32) EERI, The Mw6.3 Java, Indonesia, Earthquake of May 27, 2006, EERI Special Earthquake Report, 2008
33) 濱田政則・呉他, 2008年汶川地震による被害と復旧のための日中技術協力, 地震ジャーナル, 47, 2009, pp.27-31
34) 徐錫偉・聞学澤・周栄軍・何宏林他, 汶川Ms8.0地震の地表断層および震源モデル, 地震地質, Vol.30, No.3, 2008, pp.597-629
35) 中国科学院成都山地災害と環境研究所, 張小剛氏
36) 内閣府, 防災情報, ハイチ・地震 (2010年1月), http://www.bousai.go.jp/kaigirep/hakusho/h22/bousai2010/html/honbun/2b_4s_1_03.htm
37) 防災科学技術研究所, 2015年4月ネパール地震 (Gorkha地震) 第1次被害調査報告
38) 東北大学災害科学国際研究所, 今村文彦他, インドネシア・パル (スラウェシ島) 地震津波現地調査結果, 2018
39) 土木学会, 2003年十勝沖地震被害調査報告書, 2003
40) 経済産業省, 資源エネルギー庁, 高圧ガス設備等耐震設計基準
41) 土木学会, 平成16年新潟県中越地震被害調査報告書, 2006
42) 土木学会, 2007年能登半島地震被害調査報告書, 2007
43) 土木学会, 平成19年新潟県中越沖地震調査報告書, 2007
44) 土木学会, 平成20年岩手・宮城内陸地震調査報告書, 2010
45) 土木学会, 東日本大震災被害調査団地震被害調査報告書, 2011
46) 濱田政則, 臨海産業施設のリスク, 早稲田大学出版部, 2017
47) 岩楯敞広, 熊本地震の概要と被害調査結果, 2016
48) 内閣府, 災害情報, 大阪府北部を震源とする地震に係る被害状況等について
49) 内閣府, 災害情報, 平成30年北海道胆振東部地震に係る被害状況等について
50) 気象庁, https://www.static.jishin.go.jp/resource/monthly/2018/20180906_iburi_3.pdfを加工して作成
51) 国際航業株式会社, H30年北海道胆振東部地震災害状況航空写真等資料集
52) 気象庁, http://www.data.jma.go.jp/cpdinfo/temp/list/an_wld.htmlをもとに作成
53) 気象庁, http://www.data.jma.go.jp/gmd/kaiyou/data/shindan/a_1/glb_warm/glb_warm.htmlをもとに作成
54) 気象庁, https://www.data.jma.go.jp/kaiyou/db/seaice/global/global_extent.html

55）気象庁，http://www.data.jma.go.jp/obd/stats/etrn/index.php?prec_no=32&block_no=47582&year=2016&month=&day=&view= をもとに作成
56）気象庁，http://www.data.jma.go.jp/sakura/data/sakura003_06.html をもとに作成
57）気象庁，http://www.data.jma.go.jp/sakura/data/pdf/015.pdf をもとに作成
58）気象庁，https://www.data.jma.go.jp/obd/stats/data/bosai/tornado/stats/annually.html をもとに作成
59）気象庁，https://www.jma.go.jp/jma/kishou/know/typhoon/1-3.html
60）国立情報学研究所，デジタル台風，http://agora.ex.nii.ac.jp/cgi-bin/dt/search_name2.pl?lang=ja&basin=wnp&lt=w&sort=max_gale_diameter&stype=number&order=dec をもとに作成
61）環境省，IPCC第5次評価報告書の概要-第1作業部会（自然科学的根拠）-，http://www.env.go.jp/earth/ipcc/5th/pdf/ar5_wg1_overview_presentation.pdf
62）IPCC, Climate Change 2013: The Physical Science Basis, Annex II: Climate System Scenario Tables, https://www.ipcc.ch/site/assets/uploads/2017/09/WG1AR5_AnnexII_FINAL.pdf をもとに作成

2章

臨海部産業施設の脆弱性と強靭化

海外からの原料輸入のための港湾機能と、大規模製造設備を建設できる工場用地を併せ持つ臨海工業地帯の多くは、昭和30年代以降に臨海部を埋め立て造成した軟弱な地盤上に立地している。建設後まだ半世紀余りで、1964年の新潟地震、1978年の宮城県沖地震、1995年の兵庫県南部地震（阪神淡路大震災）、2011年の東北地方太平洋沖地震（東日本大震災）などの大地震で、石油タンクの火災、LPG冷凍タンクのガス漏洩、LPG球形タンクの爆発事故等の多くの災害を経験してきた。これらの被災経験を受けて、設備新設時の耐震設計規定が次第に整備され、併せて既存施設の耐震補強などの防災対策も行政主導で進められてきた。その結果、これらの工場設備の耐震性は、建設当初に比べて確実に向上してきた。

　一方で、過去に経験しなかった新たな地震被害も現れてきている。特に、地盤の液状化に伴う護岸と背後地盤の海側への側方流動は、ほとんどの既存設備の建設時には考慮されていない。地震の震源から遠く離れた石油タンクの長周期震動によるタンク火災事故も、建設時の設計では考慮されていない。1964年新潟地震では津波による浸水で油火災が広範囲に拡散し、周辺装置や民家の延焼被害を引き起こした。また、2011年東北地方太平洋沖地震では高さ数mの津波で危険物タンクが転倒・流出し、大規模な海上火災を発生させた。

　近い将来に発生が予測されている海溝型巨大地震や内陸直下型地震に対して、臨海部のコンビナート地域全体の被災状況と社会・経済に与える影響を予測して必要な強靭化対策を講ずることが求められている。

2-1　既往地震・津波・高潮による臨海部産業施設の被害

1　地震動による被害

1964年新潟地震（6月16日、M7.5：気象庁マグニチュード）

　新潟市内で震度5（旧気象庁震度階）を記録し、死者26人、住居全壊1,960、浸水15,297棟の被害が報告されている。

　信濃川河口近くの製油所では、石油タンク及びその配管破損部から石油が噴出し、防油堤の破損個所から防油堤外へ流出した。さらに、タンクより流

出した石油が津波により浮遊・拡散した後に引火し、工場一帯が全面火災となって製油所はほぼ全滅した。タンクエリアを中心に幅1,500m、奥行き800mの地域が延焼し15日後にようやく鎮火した[1),2)]。

さらに、ほぼ満タンであった3基の3万KL原油タンク（直径51.5m×高さ14.5m、浮き屋根式）が長周期地震動で原油の液面の揺動振動、いわゆるスロッシング現象を起こし、タンク側板上部からタンク外に溢流して防油堤内に流出した。同時に、タンク浮き屋根も液面揺動によって側板と衝突して火花が原油に着火し、図2-1に示すようにタンク火災を引き起こした。図2-2に浮屋根式タンクのスロッシング振動と火災に至るその経過を示す。また、図2-3に示すように地盤の液状化によりタンクが地盤にめり込み、傾斜したため、接続配管が変形・破損して油流出を引き起こした。

石油コンビナート地区における初めての地震災害であったが、一部のタンク火災から工場全域、さらには周辺民家まで巻きこんだ大規模火災となった。消防庁では火災の原因として次の事項を挙げている[1)]。

ⅰ）危険物施設と民家との距離不足から、民家への延焼を引き起こした。
ⅱ）火災タンク外周に消火活動に必要なスペースが確保できず、火災拡大に繋がった。
ⅲ）防油堤の破損が油流出範囲及び火災エリアの拡大の原因となった。
ⅳ）津波による浸水で浮遊油が火災の拡大に繋がった。
ⅴ）消火設備が、地震時の地盤の陥没、出水、津波等により機能を失った。
ⅵ）通信網途絶のため出火場所からの通報が入らず、かつ各消防署間の通信も遮断された状態で、目撃者の駆けつけによりタンク火災の状況を把握するまでに時間を要した。
ⅶ）消防車の出動後も、避難する人の雑踏と道路の亀裂で通行に困難をきたし、さらに信濃川の橋梁も落下していたため、迂回路を探して現場に到着したのは発災の4時間後となった。

一方、地震で被害を受けなかったタンクもあったが、これらは建設時にバイブロフローテーション工法で地盤を締め固めて建設されていたもので、この無被害事例により地盤液状化防止に効果があることが認められ、その後のタンク建設時の地盤改良に採用されることになった[3)]。

図2-1　最初に火災となった原油タンク5基[1]

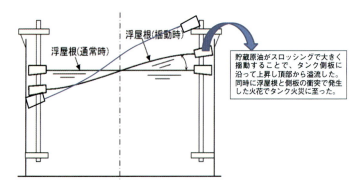

図2-2　タンク火災の原因の推定（1964年新潟地震）
※参考文献・引用文献[4]の図を参考に加筆

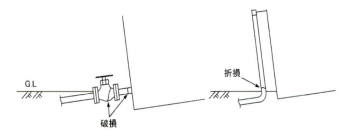

図2-3　液状化によるタンク沈下・傾斜と接続配管の破損（1964年新潟地震）
※参考文献・引用文献[4]の図を参考に加筆

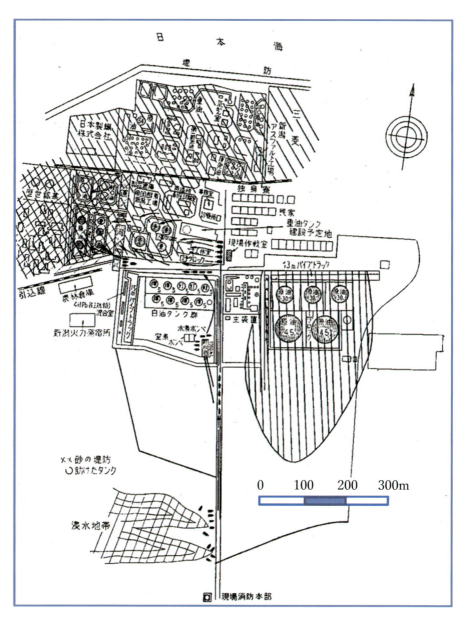

図2-4　新潟石油製油所の火災範囲（図中斜線の領域、1964年新潟地震）
※参考文献・引用文献[4]に加筆

1978年宮城県沖地震（6月12日、M7.4、仙台で震度5を記録）

　1978年宮城県沖地震は、死者27人、家屋全壊580戸、半壊5,185戸の被害を発生させた。この中でブロック塀・石塀・門柱等の下敷きで亡くなった人々が18人にものぼっている。

　仙台港に面した製油所では、石油タンク70基の内、3万KLの固定屋根タンク3基で側板と底版の溶接部が破壊して貯蔵油（重油、軽油、計6.8万KL）が流出した。流出油の一部は防油堤外に拡散し、さらに仙台港に流出したが、オイルフェンスにより外洋への石油流出は防がれた。石油コンビナート等災害防止法（昭和51年6月施行）によって、防油堤の強化、敷地外周の流出油等防止堤の設置、流出油回収のためのオイルフェンスの整備及び油回収船の保有などの事前対応がされていた[4]。

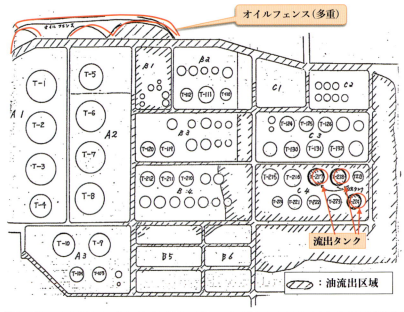

図2-5　製油所から油流出の状況とオイル・フェンスによる防護
※1978年宮城県沖地震、参考文献・引用文献[5]に加筆

1995年兵庫県南部地震
(阪神淡路大震災、1月17日、M7.3、芦屋・神戸などで帯状に震度7を記録)

　1995年兵庫県南部地震では神戸市を中心とする阪神地域及び淡路島北部が甚大な被害を受け、死者6,432人(地震後の疾病等により死亡したいわゆる関連死912名を含む)の犠牲者を出した。阪神地区の埋立地のほぼ全域で液状化が発生し、側方流動により護岸とその背後地盤が数m海方向に水平移動し、沈下した。液状化と側方流動により平底円筒型のLPG冷凍タンクの配管元弁フランジが大きく変形、破損し、大量のLPGが漏出した。このため、漏洩ガスが自然拡散するまでの間、周辺住民の緊急避難措置が採られた。配管の緊急遮断弁を吊っていた架台が直接基礎であったため、液状化で架台基礎が沈下し、架台基礎と緊急遮断弁の自重が配管に作用し、これに地盤の側方流動による変位も加わり、元弁フランジが大きく変形してLPGが漏洩した。

　地震でタンクの計装配管が損傷しており、開状態であった緊急遮断弁の遠隔操作が不能であった。また、空気圧によるフェイルセーフでのバルブ閉止も機能しない状態にあった。さらに、計器室と現場計器間の通信ケーブルが損傷したため、タンク内の液面や圧力の遠隔監視が不能となり、危険な状況の中、職員による現場での監視が続けられた。

　この事故を教訓として、その後の類似タンクに対して以下のような改善策が提案された[5]。

ⅰ) LPG貯槽の受払配管からの流出防止のため、緊急遮断弁を確実に閉じること、及び、タンクノズルと緊急遮断弁の間の配管が損傷しないこと。

ⅱ) 貯槽と受払配管の緊急遮断弁架台は共通基礎とし、地盤変状の影響を排除・軽減すること。

ⅲ) 内容物状態の遠隔監視システムの機能喪失が重大な事態を招く恐れがある場合には、監視システムの耐震信頼性を確保すること。

ⅳ) 仮想最大事故に応じた耐震信頼性を確保すること。

　この事故は気温の低い1月の早朝で、六甲おろしの陸風が吹き、入荷前でタンク内液位が低い時であった。真夏の日中、海風が吹き、入荷後でタンクが満液の状況を想定した場合、状況はさらに厳しいものになったと考えられる。

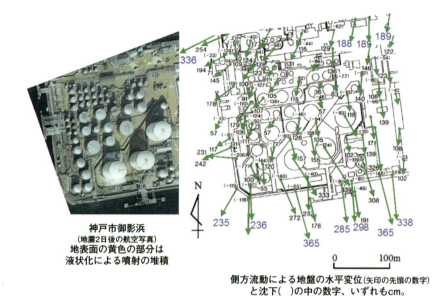

神戸市御影浜
(地震2日後の航空写真)
地表面の黄色の部分は
液状化による噴射の堆積

側方流動による地盤の水平変位(矢印の先頭の数字)
と沈下( )の中の数字、いずれもcm。

図2-6　油槽所地盤の側方流動(1995年兵庫県南部地震)[1]

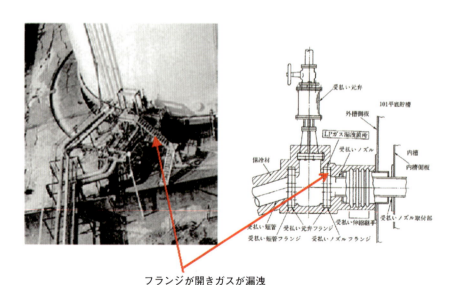

フランジが開きガスが漏洩

図2-7　LPGタンク配管からのガス漏洩(1995年兵庫県南部地震)[2]

防災計画では仮想最大事故に対し、リスクの大きさに応じて必要耐震性レベルを設定することが必要であることが強く認識された。

　消防庁による神戸市内の6事業所（油槽所）の236基タンクの調査[3)]によれば、3基の危険物タンクの側板の座屈が見られ、そのうち1基では座屈変形部（図2-8のa)）に貫通ひび割れが発生し、内容油が少量漏洩した。また、3基の水タンクで「象の足座屈」が発生（図2-8のb)）し、変形部に亀裂が生じ破口部から貯水が流出した。水タンクは危険物タンクに比べ耐震設計震度が低いことも被害の要因である。タンク側板の座屈は地震時のタンクのロッキング振動で起きるとされ、座屈に至らなくてもタンク側板直下の基礎中へのめり込み（図2-8のd)）や、タンクが持上げられることによる基礎ボルトの引き抜き（図2-8のc)）も生じている。

　液状化と側方流動に起因してタンクと地盤の相対変位により配管の被害が発生した。タンクとの配管接続部にはタンクとの相対変位を見込んでフレキシブルホースやループによる変形吸収性能を持たせているが、50cmを超える地盤変位はそれまでの設計の想定を大きく超えるものであった。

a) タンク(999KL, D=9.7m, H=15.2m)側板のダイヤモンド型座屈(左)と象の足座屈(右)

b) 水タンクの象の足座屈　　　　c) 水タンクのアンカーボルト引抜け

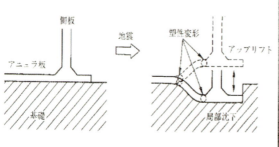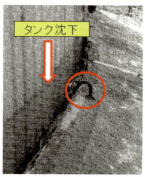

d) タンク側板直下の基礎地盤の局部沈下(右)と底版の変形(左図)

e) 地盤の側方流動に伴う地盤変状　　　　f) 鋳鉄製バルブの破損

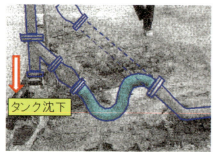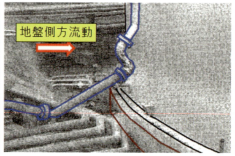

g) 地盤変状に伴うタンク接続配管の変形

図2-8　神戸市南部の埋立地の屋外タンク貯蔵所の被害状況
※参考文献・引用文献[10]に加筆

2011年東北地方太平洋沖地震（東日本大震災、Mw9.0）

　2011年東北地方太平洋沖地震により、LPG球形タンクの複数のブレースが交差部で破断し、約30分後に発生した余震により倒壊して、地上配管を破損しガスが漏洩した。周辺に拡散したLPGが着火し、タンク倒壊30分後に配管破損個所で火炎を噴出し、隣接タンクが連鎖して17基全てのタンクが爆発・炎上し、10日後に鎮火した[4]。タンク基地の震度は、本震で5弱、余震で4で設備の耐震設計震度以下であった。事故の原因として、以下の2点が挙げられている。

ⅰ）支柱間のX型鋼管ブレースの溶接接合部に設計値以上の応力度が発生した。接合部には、引張側ブレースと圧縮側ブレースの双方から引張力が、もう一方のブレースには圧縮力が作用し、その溶接接合部に二倍のせん断応力が発生した[5]。

ⅱ）倒壊した球形タンクは水張り検査中で、内容液比重が2倍で、かつ図2-10に示すように、設計充填率90％に対する満水（100％）での地震時有効液重量が1.5倍と、合わせて3倍の有効液重量であった。有効液重量率はタンク内溶液のうち地震加速度による慣性力として寄与する液重量の比率と定義され、満液（充填率＝100％）で100％、高圧ガス耐震設計指針で規定する最大設計充填率（90％）で70％とされている。これは、タンク内が満液でない場合には、地震加速度に対して内容液の一部が揺動することで慣性力を減少させる効果があるためである。

LPG球形タンク　　ブレース(筋交い)の損傷部　　二軸応力場(せん断応力場)のすべり

図2-9　ブレースの塑性変形のモデル化とせん断応力[10]

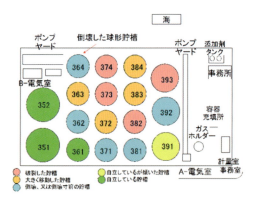
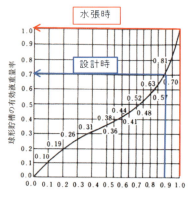

a) 被害が発生したタンク　　　　　b) 球形タンクの液充填率(横軸)と慣性力に
　　　　　　　　　　　　　　　　　有効となる液重量率(縦軸)の関係

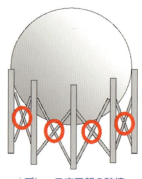

c) ブレース交叉部の破壊　　　　　　d) 倒壊の状況

図2-10　LPG球形タンク倒壊[9]

　消防庁の調査によれば、2011年東北地方太平洋沖地震で3,300以上の危険物施設が東日本の広範囲で被害を受けた。このうち、地震動によるものが1,404施設、津波によるものが1807施設、地震か津波か判別不能のものが113施設である。危険物タンク施設の被害例を図2-11に示す。地盤の液状化に伴うタンクの沈下と傾斜、タンク間地盤の盛上がり、鉄筋コンクリート造の防油堤の目地部での破断が発生した。

a) 周辺地盤の状況（タンク間の地盤の盛上りと地割れ）

b) タンク沈下と基礎の変形

c) 防油堤の転倒と沈下　　　　　　　　　d) 防油堤の破断

図2-11　危険物タンクと防油堤の被害（2011年東北地方太平洋沖地震）[11]

2　津波による被害（2011年東北地方太平洋沖地震における仙台市、鹿島地区）

　2011年東北地方太平洋沖地震では仙台地区や気仙沼市などの9地区で、津波により危険物タンクと接続配管から油が流出した。

　図2-12に仙台市の製油所のタンクヤードの津波後の状況を示す。津波浸水深が3.5mに達したがタンク本体の浮上りの被害は報告されていない。しかし、タンク外周の配管が津波の力で折れ曲がり、油が防油堤内に大量に漏洩した。緊急時に配管をブロック化するための緊急遮断弁と電動弁が作動しなかったことも、大量漏洩の要因となった[12)、13)、14)]。この製油所では、電源喪失によって原油荷役中のタンカーの切り離し作業に通常以上の時間を要したため、タンカーが津波に翻弄されて桟橋や防波堤などに衝突し、これらを破壊した。荷役作業員4名が逃げ遅れて死亡した[15)]。

　気仙沼の漁港に設置されていたタンク23基（容量40～3,000KL）のうち、横置き円筒タンク1基（100KL）を除く22基が図2-13に示すように浸水により浮上・流出し、湾奥に向かって最大3km流された[12)]。タンク本体と接続配管が破壊されて内容油の流出に至ったと考えられる。

　太平洋沿岸の鹿島コンビナート地区では、図2-14に示すように、護岸や桟橋の被害が発生した。桟橋上の配管とローディングアームが薙ぎ倒され、大きく変形している。津波波力による変形だけでなく、船舶やその他の大型漂流物の衝突も護岸や桟橋の損傷の原因と考えられている[14)、13)、14)、16)]。

　津波により、多くの工場で、運転のための計器室と電気室の冠水による機能喪失が発生した。仙台市ガス局の報告[17)]によれば、事務所コントロール棟で1階天井を超える高さの津波が流入し、執務室が破損して備品・機材は流出した（図2-15のa））。この建物の南面の窓ガラスがすべて破壊され（同図のb））、ここから津波が侵入したと考えられる。タンク計器室では、コンクリート床面にアンカーされた計器盤は残っているが、取外し可能なフロアパネルがまくり上げられ散乱している（同図のc））。ガス充填場では、事務所建物が流出し、ガス配合器が大破している（同図のd））。電気設備では、屋外受電設備が冠水し、変電室も扉が破損し浸水して電気機器が使用不能となり、電源喪失に陥った（同図のe））。このほか、浸水により、電動機や現場操作盤などすべての電気設備は使用不可となった。

①津波はタンク底板から約3.5mまで到達、当該タンクは空であったが浮上や移動の現象は見られない。②、③多数の配管の折れ曲がり、危険物が漏えいした。④護岸、桟橋、防油堤の損傷が大きかった。⑤スロッシング波高は約1mで、浮き屋根上に油が流出した。

図2-12　製油所のタンク配管からの危険物漏洩（仙台市）[18]

a）流出・倒壊したタンク　　　　　　b）タンク流出後の基礎の状況

図2-13　津波で流出したタンクとその基礎（気仙沼市漁港の燃料タンク群）[18]

a）桟橋損傷　　　　　　　　　　　b）護岸被害

図2-14　津波で破壊された桟橋と護岸（鹿島コンビナートの製油所）[18]

a）事務所コントロール棟室内：1階天井を超える津波で備品や機材が流出

b）事務所コントロール棟外面：
窓ガラス・ブラインドが大破

c）タンク計器室内：
フロアパネルがまくり上げられ散乱

d）ガス充填場：
事務所は流出、ガス配合器は大破

e）特高受電設備：
冠水により使用不能となり、電源喪失

図2-15　仙台市ガス局の計器室・受電設備の浸水被害状況[17]

2-2　危険物施設などの耐震設計と課題──耐震基準の変遷

1　耐震基準の変遷（建築・土木・危険物・高圧ガス施設・ガス施設他）[19]

　臨海コンビナート地区に設置されている危険物施設、高圧ガス設備、ガス設備等の耐震設計は、1964年新潟地震における新潟市の石油精製工場の被害を契機に、上部構造のみならず地盤と基礎を含めた基準として整備され、その後の1978年宮城県沖地震、1995年兵庫県南部地震、2003年十勝沖地震、および2011年東北太平洋沖地震の被害経験を踏まえて、それぞれの設備の特性を考慮し改正されてきている。

危険物施設（消防法、危険物の規制に関する政令、規則および告示）

　危険物の屋外タンクの基準は、1959年にタンク配置及び防油堤構造などの技術基準が規定されたのが始まりである。技術基準の主要な項目は、
　ⅰ）タンク火災が近隣構造物へ延焼するのを防ぐための「保安距離」の確保
　ⅱ）タンク間延焼防止と消火活動のための「保有空地」確保
　ⅲ）タンク本体は「3.2mm以上の鋼板製」
　ⅳ）防油堤材質はコンクリート、コンクリートブロック、煉瓦等の「耐火物」とし、容量は「タンク容量の50％」を確保
である。

　1964年新潟地震によるタンク火災の広域延焼被害を受けて、1965年の改正で、
　ⅰ）コンクリートブロックおよび煉瓦積みによる防油堤の禁止
　ⅱ）タンクと配管の接合部の耐震補強
が規定された。しかし、地盤の液状化とタンク内容液のスロッシング現象については技術的知見が不足していたため、設計基準への反映は1976年まで待つことになった。

　1974年に水島コンビナートで通常運転中の石油タンクが突然破壊し、4万KLの重油が流出して、そのうち1万KLの油が海上に流出して瀬戸内海で広域汚染を引き起こした。タンク建設後の水張り検査中に、外部直立階段を取付けるための基礎工事で掘削部の埋め戻し土の締固めが不十分であったため、運転中のタンク荷重による基礎の局部沈下が進行し、側板と底版の隅肉溶接部

が破断したことが原因である。この事故を受けて、1975年に「石油コンビナート等災害防止法」が制定され、

- ⅰ）臨海コンビナート事業者間の共同防災組織作り
- ⅱ）防災資機材として消防3点セット（大型化学消防車、高所放水車、泡原液搬送車）、オイルフェンス及び油回収船の保有が義務付けられ、発災時に事業者共同による早期対応体制（消火・流出油回収等）の構築

さらに、個々の事業者に対して、タンク周囲の防油堤に加え、敷地外周に流出油等防止堤（高さ50cm以上）の設置が義務付けられた。

1976年には、新潟地震による被害と水島製油所での流出事故原因の検証をもとに、屋外タンク関係の基準が抜本的に改正された。1,000KL以上のタンクを「特定屋外タンク貯蔵所」と定義し、

- ⅰ）基礎地盤の液状化防止及び支持力の規定
- ⅱ）基礎の局部破壊防止と底版腐食防止の目的で、側板直下部の盛土材料（砕石などを締固めて）の強度確保と、地下水面から底版までの離隔高さ（≧2m）の規定
- ⅲ）タンク本体の設計震度を従来の全国一律の静的震度 $Kh=0.3$ から、地域、地盤、条件、タンク規模に応じて震度 $Kh=0.4〜0.5$ に変更
- ⅳ）タンク底版と側板の溶接接合部の強化を目的に、底版最小厚さを6mmから12mmに、アニュラー版を15mmから21mmに増大
- ⅴ）防油堤容量を区画内最大タンク容量の50％から110％に増大し、区画内のタンク基数を10基以内に、区画面積を80,000m^2以内に制限
- ⅵ）タンク火災の延焼防止を目的に、タンク間距離を1/2H（タンク高）から1.0D（タンク径）に、従来の保安距離に加え、タンクから敷地境界までの「敷地内距離」として1.8D（タンク径）の確保

などが規定された。この基準に基づき建設されたタンクを「新法タンク」と呼び、これ以前のタンクを「旧法タンク」として区別している。旧法タンクにはこの新法タンク基準は基本的に不遡及であるが、ⅴ）の防油堤に関しては、1980年までに隣接防油堤を相互に連結することで容量を確保し、防油堤の構造補強も実施された。また、ⅵ）の敷地内距離不足に対しては、境界散水幕設備でタンク火災時の敷地外への輻射熱を緩和する対策がとられた。

1983年の改正では、1978年宮城県沖地震での仙台市の製油所のタンクの流出事故を受けて、タンクの耐震基準が見直された。この中で、タンクの短周期地震動の設計震度算定に係る補正係数（地域別、地盤別、固有周期に基づく応答倍率）が変更され、同時に地震時動液圧の算定と許容応力度も見直された。また、スロッシングに係る液面揺動による液面変位の影響を考慮してタンク空間高さが規定された。

　1994年には、1976年制定の新設基準を満足していない既存タンク（旧法タンク）の耐震性向上を目指して、1,000KL以上の既存タンクに対する最低限の耐震性能を規定し、15年程度の猶予期間内に補強することが義務付けられた。この中で、地盤の液状化の度合いを表す指標PL値5以下を目標とする既存タンク地盤の液状化対策が進められ、タンク底版も定期検査時に基準に適合する厚さに取替が行われた。

　2005年には、2003年十勝沖地震で苫小牧の製油所でスロッシングによる浮屋根タンクの沈没とタンク全面火災が発生したことを受けて、浮き屋根の耐震基準が強化された。その後2007年から数年を掛けて全国の2万KL以上の既設の浮屋根タンクに対して、浮力増強と構造補強が実施された。

高圧ガス設備（高圧ガス設備等耐震設計基準）

　1981年の高圧ガス設備等耐震設計基準（告示515）が公布されて、爆発等の災害時に予想される周辺地域への影響度を表す"重要度"ランクで設備毎の耐震設計が初めて制定された。それ以前に建設された既存設備は建築基準法の地域別設計震度を用いた震度法で設計されていたが、1982〜1984年に貯槽類、塔類、平底円筒貯槽の既存設備に対する補強基準が公布され、基準を満足しない設備・部材の補強を行ってきた。その後、1995年の兵庫県南部地震で液状化により、LPG平底貯槽とその接続配管が不等沈下を起こしてLPガスが漏洩し、さらに埋立地での護岸側方流動に伴う地盤変位による桟橋と配管の被害を受けたことから、側方流動に対する設計が追加され、重要度の高い（Ia及びI）設備に適用されることになった。また1995年兵庫県南部地震によって観測された地震動が従来の耐震設計用地震動を大きく上回ったことから、地表面加速度を2倍としたLevel2地震動が採用された。さらに、2011年東北地方

表 2-1 (1) 我が国の耐震設計基準の変遷 (危険物規制,高圧ガス保安法)

	地震地災害	危険物規制	高圧ガス保安法
1891	濃尾地震 (M8.0)		
1923	関東地震 (M7.9)		
1944 1946	東南海地震 (M7.9) 南海地震 (M8.0)		
			1951 「高圧ガス取締法」制定 (新憲法に即した法体系を制定) 1963 同法改正 ①自主保安体制の確立、 ②高圧ガス保安協会 (KHK) 設立
		1959 「危険物規制」制定 ①近隣への延焼防止のため保安距離、タンク間距離、焼防止のための保有空地を規定。 ②タンクは3.2mm以上の鋼板構造で、耐風・耐震構造とする。 ③防油堤はコンクリート造・コンクリブロック造・煉瓦造とし、容量はタンク容量の50%以上。	
1964	新潟地震 (M7.5) 液状化被害	1965 新潟地震でのタンク災害・流出油拡散を受けて ①タンクと配管の接合部の耐震強化 ②防油堤にブロック造や煉瓦造は禁止	
1968	十勝沖地震 (M7.9)		
1974	水島製油所でタンク底板破壊 瀬戸内海に大量の重油が流出	1975 「石油コンビナート等災害防止法」制定 ①(自営&共同)防災組織の義務付け ②消防三点セット(大型化学・高所放水・泡原液搬送車),オイルフェンス・油回収解材等整備。 ③敷地外同に流出油防止堤の設置	
1978	宮城県沖地震 (M7.4)、タンク底板破断、ライフライン被害、建物の非構造材(ガラス・外壁)落下	1976 新潟地震の液状化被害と水島製油所タンク油流出事故を受け、タンク (千kL以上)基準強化 ①地盤液状化による不等沈下、支持力破壊防止 ②基礎の滑り破壊防止と底版腐食防止、 ③本体の強化(設計震度0.3→0.4~0.5) ④底版(アニュラー版)厚を増大(6-12→15-21mm) ⑤防油堤容量を増大(タンク容量の50%→110%)	1981 「高圧ガス設備等耐震設計基準」(告示515)公布 ①発災時の周辺への影響度に応じて設備の重要度を定義し、重要度ごとに要求耐震性能を設定 ②重要度に応じた応答解析、修正震度法、静的震度法、時刻歴応答解析」規定

82

年	地震	対応
1983	日本海中部地震 (M7.7) 長周期地震動	1983 宮城県沖地震 (1978) でタンク油流出事故を受けてタンクの耐震設計基準の見直し ①短周期地震動に対する設計震度 (Kh=0.45〜0.55) と動液圧計算手法、許容応力を改正。 ②タンクスロッシング設計手法 (固有周期、設計震度) が規定され、タンク空間高さを要求 1982-1984 告示515に準じて既存高圧ガス設備の耐震性点検＆補強指針として、「既存高圧力ガス設備の耐震性向上対策について」(通達) を通知 ①許容応力は新設基準より大幅に緩和 ②対象設備は、球形貯槽、横置き円筒貯槽、塔類、平底円筒型貯槽
1993	北海道南西沖地震	1994 既存旧法タンク (S52以前建設で千KL以上) に対し、最小限の耐震性能を規定し判定PL＜5を確保 ①基礎地盤の液状化判定PL＜5を確保 ②本体耐震性確保実液比重の採用、許容応力を大きくして新法タンク (S52以降建設) より緩和)
1995	兵庫県南部地震 (M7.2) 護岸側方流動によるコンテナクレーン倒壊、強震動で建物・高架道路倒壊、液状化によるLPGタンク配管からガス漏洩など	1997 兵庫県南部地震で小規模タンク破損、配管からの漏洩事故を受け、耐震設計基準を改正 ①配管の耐震設計基準を追加。 ②Level-2地震動を導入し塑性変形を許容。 ③液状化に加えて側方流動を追加 1998 兵庫県南部地震で小規模タンク破損、配管からの漏洩を受けて、油流出対策設置 ①1万KL以上のタンク配管に緊急遮断弁設置 ②既設小規模タンク (500-1000KL) の基礎・地盤、本体の耐震強化
2003	十勝沖地震 (M8.0) 250Km離れた苫小牧のタンク火災	2005 苫小牧のタンクスロッシングで浮屋根沈下・火災を受けて浮屋根タンクの耐震強化 (一枚板構造の浮屋根の2万KL以上のタンクを対象に) ①浮屋根の浮室部の浮力強度計算を規定 ②浮室の溶接仕様を規定 2007 既設タンクの浮屋根の耐震補強を義務付
2011	東北地方太平洋沖地震 (M9.0) 津波、長周期地震動、LPGタンク爆発	2011-2013 東北地方太平洋沖地震で石油タンクのスロッシング被害と球形タンクの倒壊・爆発火災事故を受け耐震設計基準の改正と既存球形タンクの改修を義務付け ①長周期地震動の地域係数を改正 ②球形タンクの鋼管ブレース交差部の強度評価法 ③既存タンクの評価と補修の義務付け

2章　臨海部産業施設の脆弱性と強靭化

表2-1 (2)我が国の耐震基準の変遷（建築基準と港湾基準）

	地震他災害	建築基準法	港湾基準
1891	濃尾地震(M8.0)	1892 震災予防調査会発定 木造建築の耐震研究開始	
		1919 「市街地建築物法」制定、日本における建築構造の最初の法規で、重力のみ考慮。建築高さ制限(100尺=31m以下)	
1923	関東地震(M7.9) 地盤の違いで建物被害に差（下町で木造建物、山の手で土蔵造りに被害多）。最新の煉瓦造洋風建築の崩壊	1924 「市街地建築物法」に設計震度0.1、材料安全率3を追加。関東地震で多くの建物倒壊の中、日本興業銀行(RC造、水平力比0.067)が無被害であった事から規定。	
1944	東南海地震(M7.9)		
1946	南海地震(M8.0)		
1948	福井地震(M7.1)	1950 「市街地建築物法」を廃止し「建築基準法」を制定 ①設計震度を0.1→0.2に。②材料安全率を3→1.5に変更。③壁量の規定	1950 日本で初めての技術基準「港湾工事設計示方要覧」で、係船岸設計、港湾工事計画・施工、防波堤設計示方書の3編が発行 ①水平震度 =0.05〜0.3、②常時＆地震時土圧 ③滑動、転倒の安全率＞1.2及び1.5等
		1952 地域の地震活動度に応じて設計震度低減	1959 「港湾工事設計要覧」制定； ①設計震度に地域区分導入。②地盤及び杭の支持力、軟弱地盤対策 ③円弧滑りの安全率＞1.2(地震時) ④矢板式及びびセル式係船岸の計算法 ⑤工事用基準面として基本水準面の採用
1964	新潟地震(M7.5) 液状化被害	1965 ビル高層化要求とコンピューターの進歩を受けて、高さ制限(31m)を解除。	1967 港湾技術研究所(1962設立)を中心に「港湾構造物設計基準」制定； ①船長を元に水域施設の諸元設計、②設計震度を地域・重要度係数で定義 ②液状化の概念。

84

年	地震・被害	技術・設計の対応	法規・基準の改正
1968	十勝沖地震(M7.9) RC造に被害多(短柱のせん断破壊) 木造建物の被害は少ない	1971 十勝沖地震でRC造建物の短柱のせん断破壊が多発したことを受け、構造基準改正 ①RC帯筋間隔を小さく 30cm→15cm、②木造建物の基礎強化(一体のコンクリート造) 1972～1976 建設省耐震設計総合プロジェクト ①超高層の設計技術の一般化、②ねばりの設計	1979 港湾法改正(S48)で、「港湾施設の技術上の基準」(S49省令)に基づいて建設・維持管理が義務付け。 液状化判定法、防舷材の設計等
1974	水島製油所でタンク底板破壊 瀬戸内海に大量の重油が流出		
1978	宮城県沖地震(M7.4) タンク底板破壊断、ライフライン被害 建物の非構造材(ガラス・外壁)落下	1981 超高層ビルの設計技術「新耐震設計法」を一般建物に導入する法令改正 ①従来設計に加え、二次設計(Co=1.0)を採用 ②一次設計では許容応力度(弾性)、二次設計では大地震時の保有耐力・許容変形を規定	
1983	日本海中部地震(M7.7) 長周期地震動		1989 「港湾施設の技術上の基準」改正： 液状化判定、地盤改良、杭支持力算定等の改正
1993	北海道南西沖地震		
1995	兵庫県南部地震(M7.2) 護岸側方流動によるコンテナクレーン倒壊、強震動で建物・高架道路倒壊、液状化による LPGタンク配管からガス漏洩など	2000 兵庫県南部地震で、中層ビルの途中階やピロティ構造の崩壊等被害が多く発生したことを受け,耐震設計法が改正。 性能規定が導入され、従来の許容応力度設計法に加えて限界耐力計算法が規定された。	1999 「港湾施設の‥基準」改正； レベル2地震設定、地域別震度改訂、保有水平耐力法、など
2003	十勝沖地震(M8.0) 250Km離れた苫小牧のタンク火災		2006 「港湾施設の‥基準」改正： 性能規定化、維持管理計画策定義務付け
2011	東北地方太平洋沖地震(M9.0) 津波、長周期地震動、LPGタンク倒壊		

太平洋沖地震では、各地でタンクスロッシング被害とLPG球形タンクの倒壊・爆発が起きたことから、設計用の長周期地震動の改正と球形貯槽の鋼管ブレースの技術基準を新たに追加し、既設の球形貯槽についても鋼管ブレースの補強が行われた。

建築物

1923年関東地震で水平震度0.1で設計されたRC造の日本興業銀行が被害を受けなかった事例もあって、市街地建築物法を改正して設計水平震度0.1及び材料安全率3とした我が国初の耐震設計基準が生まれた[20],[21]。1950年にそれまでの"市街地建設物法"を停止して"建築基準法"を制定した際に、設計震度0.1を0.2に、材料安全率3を1.5と改訂して現在に至っている。その後、1968年十勝沖地震でのRC造建物の短柱のせん断破壊を受けて、1971年にRC造柱の水平鉄筋（帯筋）量を増加させる改正も行われた。1981年に"新耐震設計法"を一般建物にも導入し、従来の一次設計（標準せん断力係数Co=0.2：いわゆる設計震度）に加えて保有水平耐力を評価する二次設計（同Co=1.0）を定めた。さらに1995年の兵庫県南部地震でもRC造建物の崩壊が発生したことを受けて、2000年に従来の許容応力度設計に加え、限界耐力による設計法が用いられることになった。

2　現行の耐震設計基準の課題

前述したように、現行の耐震基準は新たな地震被害を経験する度に改正、高度化され、確実に強化されて来ている。しかし、1995年兵庫県南部地震や2011年東北地方太平洋沖地震では過去に経験しなかった強震動、埋立地盤の側方流動による数mもの地盤変位、10mを超える津波など、現行基準の想定を超える事象が観測されている。これらの事象に対してどう備えるのか、明確な解決策は打ち出されていないのが現状である。

護岸の側方流動に伴う地盤変状の影響

側方流動により広範囲で発生する地盤変位の影響は、既存設備の設計では考慮されていない。護岸から海に繋がる桟橋や配管の大変位や、鉄筋コンク

リート製の防油堤の破壊、タンク基礎杭の破損による本体の傾斜、配管の変形による破損と油漏洩により、高圧ガスや油の海上流出の可能性は高い。危険物タンク等が集積する臨海コンビナート地区で複数の油流出が発生すれば、港湾機能が数日〜数週間にわたり停止し、海上からの救援物資や避難者の移送の遅れや、原材料・製品の輸送制限が工場操業再開の大きな支障となる。東京湾、伊勢湾、大阪湾など、コンビナート事業所だけでなく貿易港として国内外の物流機能を有する港湾が長期の機能不全に陥った場合、国と地域の経済に与える損失は莫大なものになり、その影響は国外にも波及する。

　現行の設計基準の中で、地盤の側方流動の影響を考慮したものは、道路橋示方書（1996年）、鉄道構造物等設計標準（1998年）、水道施設耐震工法指針（1997年）、高圧ガス設備等耐震基準（1997年）であるが、側方流動変位の推定方法、側方流動が基礎に及ぼす外力の算定方法などが統一されていない。今後現象の解明が進められ、統一的な設計基準の策定が必要である。

津波による浸水被害の推定、津波波力の算定

　2011年東北地方太平洋沖地震による津波では、電気室や制御室の浸水により電気・計装機器が機能停止した事例が多数発生した。これら重要な設備は津波の浸水を受けない高所に設置することが考えられる。このためには、工場敷地ごとに設計浸水深さを推定することが必要である。

　一方、地震では津波の波力で石油タンク、ガスボンベやタンクローリー車が流出したが、この津波波力に対する設計は未だ確立されていない。また、津波対策は津波高さの想定が前提であるが、これは波源域の位置と大きさ、及び津波が伝播する海底地形と沿岸地形によって左右されることから、コンビナートが立地する地域毎に想定する必要がある。

強震動記録と設計地震動の乖離

　1995年兵庫県南部地震では、強震観測網が十分には整備されておらず、各地の地震動強度を把握するのに時間を要したこと、また被害情報の収集と伝達が遅れたことの反省から、全国的な強震観測網が構築された。このとき整備された強震観測網は各地の地震動予測の進展に寄与したが、観測点の増大

とともにこれまでの耐震設計の想定を大きく超える加速度が観測されるようになった。この結果、耐震設計で一般的に用いられている設計震度と地震加速度との乖離が著しくなっている。構造物に作用する加速度が大きくなれば、構造物への慣性力と変形の関係は弾性領域を超えて、塑性域にさらには破壊領域に入ることになる。構造物の破壊過程を適切に解析するための解析モデルの精緻化が必要である。

また、構造物の地震応答解析モデルにおける減衰には部材の振動を抑制する抵抗力として定義された「粘性減衰」以外に、構造物の振動エネルギーが基礎を通じて地盤に逸散することによる「地下逸散減衰」、部材の塑性化に伴う振動エネルギー損失によって生じる「履歴減衰」があるが、これらの減衰を精度高く設定することが求められている。

耐震構造物の設計精度向上には、構造物の実地震に対する応答を正しく求めることが基本となる。今後の地震被害の調査や実験等を通じて設計・モデルの適正化を検証することが必要である。

公共インフラ耐震化との連携

コンビナート地区の事業は輸入原材料を海上から受入れて生産物を海路及び陸路から輸送するため、地震後も航路や道路などとの交通が確保できなければならない。そのため、港湾及び航路は流出油の海面火災や漂流物の除去が、または幹線道路上の倒壊建物等のがれき除去も出来るだけ早期に実施する必要がある。南海トラフ巨大地震など広域災害時に、民間・自治体・国が連携して効率的な事後対応を採ることが重要である。

また、工場外から供給を受けている電力・ガス・工業用水の供給が停止すれば、工場設備に被害が無くても生産停止に追い込まれる。コンビナートでは関連事業者間が配管やケーブルで繋がっており、一か所の停止が全体の操業にも影響することから、一事業者単独の対策ではなく複数事業者・自治体の関連部門と一体となった対策が必要である。

2-3　強靱化工法の開発とその適用

1　防災・減災に向けた方針 – 事業者単位から臨海工業地帯全体としての取組へ

　コンビナートの地震被害の影響は、個別の事業所内に留まらず地域全体の二次被害に繋がる可能性が高い。油流出やがれき流出による港湾機能停止や、火災・爆発による周辺地域の延焼、道路交通の制限など、地域の早期復旧への支障となる。これら被害を想定して「石油コンビナート等災害防止法」でコンビナート地区の事業者の共同防災組織が設置され、発災時の体制が整備されている。しかし、護岸補強や漂流物除去による航路啓開体制は、国土交通省の港湾部門や海上保安部の業務と重なっている。事業者単独では対応が困難な防災事業に対しては行政との共同作業が必要と考えられる。例えば、護岸補強は事業者としては自社の桟橋や海沿いタンクの被害防止のため、設備背後の部分的な対策になるが、行政としては海上から避難、救援活動するための岸壁を維持するほか、護岸や岸壁崩壊による臨海地区の航路閉鎖を回避することも目指しており、このためには、航路に沿った連続した補強が必要となる。また、コンビナート地区の工場に接する護岸や岸壁の所有が自治体である場合にも、事業者が単独で地震対策を実施することが出来ない。これらの課題は、国や自治体が国土強靱化施策に則って主導して実行すべきもので、業界団体と国・自治体等の協働が望まれる。

2　強靱化工法の開発と適用

液状化対策工

　地盤液状化対策としては、タンクや装置の建設時であれば地盤改良が効率的かつ経済的である。新潟地震で石油タンク地盤の液状化防止が証明されたバイブロフローテーション工法のほか、バイブロコンポーザー工法といった地盤密度増大工法が代表的である。既存施設に適用できる工法として、地盤中への水ガラスやセメントミルク注入により液状化を防止する工法があり、運転中の既存石油タンク等の対策工法として実績がある。このほか、タンク基礎外周に鋼矢板を圧入して基礎地盤を拘束し、地震時のせん断変形を抑制す

ることで液状化によるタンクの沈下・傾斜を防止する工法も実タンクの強靭化に用いられている。

表2-2 液状化対策の原理と工法

対策原理	工法例	特徴
①密度の増大	サンドコンパクション工法、コンパクショングラウチング工法等	構造物新設時の地盤改良として実績多い．既設構造物直下地盤の改良は困難。
②固結	深層混合処理工法、注入固化工法、事前混合処理工法等	構造物外周から注入できる工法が開発され、既設タンク地盤で薬液注入固化工法の実績多い。
③粒度の改良	置換工法 (原地盤を除去して、砕石などの粗粒材料で置換え)	構造物の新設や建て替え時に適用できる工法．既設構造物の対策ではない。
④飽和度の低下	地下水位低下工法 (揚水井戸で地下水を汲み上げ)	既設タンクヤード等の敷地全体を対策する場合に、対象面積当たりの工事費で優位性が出る。
⑤間隙水圧消散	グラベルドレーン工法、人工材料ドレーン工法	既設護岸の背後地盤の液状化対策として実績あり。
⑥せん断変形抑制	鋼矢板地中連続壁工法、	鋼矢板連続壁工法は、既設石油タンクの地盤補強実績多い。
⑦堅い地盤で支持	杭基礎工法	地盤が液状化しても設備の変形等を防止する対策．既設構造物には適用不可。
⑧基礎の強化	既存杭基礎の増し杭、	地盤が液状化しても設備の変形等を防止する対策．既設構造物への適用実績あり。

a）地下水位低下工法
　　　（飽和度低下）
タンクヤード全域に適用したケースでは外周を止水壁で囲み、揚水井戸で地下水を汲み上げる工法。細粒分が少なく透水性が高い地盤に適する。工事費は20〜30万m^{2}の場合、面積当たり10〜20千円/m^2

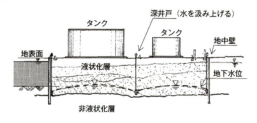

a）地下水位低下工法[22]

b）間隙水圧消散工法
代表的工法であるグラベルドレーン工法は、地中に鉛直に砕石等透水性の高い材料を充填し、地震時の過剰間隙水圧の上昇を抑え、液状化を防止する。護岸背後地盤や構造物外周に打設し、地震時の液状化を抑制できる。新設構造物における施工実績は多い。工事費はドレーン延長当たり7〜15千円/m（諸経費込み）。タンク等の直下地盤に水平ドレーンを施工する工法がある。危険物タンクの液状化対策の設計基準に適合させることを目的に開発されたが、2015年時点で施工実績はない。

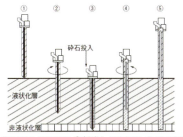

b）間隙水圧消散工法[23],[24]

c）高圧噴射撹拌工法（固結）
地中にセメント系等の固化剤を注入し地盤と混合させて、直径1〜2mの円柱状固化体を造成することで液状化を防止する。鉛直施工に限られており、構造物直下地盤の改良は出来ないが、近接施工は可能であり、構造物直下地盤の連続鋼矢板壁が地中障害物で施工できない場合の補助工法には有効である。改良体積当たりの工事費は、30千〜50千円/m^3

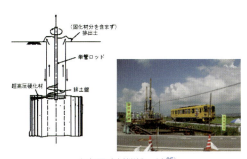

c）高圧噴射撹拌工法[25]

d）曲りボーリングによる
　薬液注入工法
構造物直下地盤中に水ガラスなどの浸透性の薬液を土中の間隙に注入して、液状化を防止する。斜めまたは自在ボーリング技術を使い、構造物外周からロッドを挿入して注入するもので、構造物を使用しながら施工可能である。石油タンクでの施工実績多数ある。改良土体積当たりの工事費は、50千〜70千円/m³（諸経費込み）

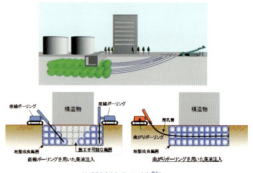

d）薬液注入工法[26]

e）鋼矢板連続壁工法
　（せん断変形抑制）
構造物直下地盤を鋼矢板壁で囲み、地盤のせん断変形を抑制することで液状化を防止する。油圧圧入機で杭を挿入するため、現状地盤の変状が少なく、また狭隘な場所でも施工でき、既存構造物を前提にした工法。石油タンクの液状化対策としての工事実績は多い。石油タンク地盤に対する工事費は、鋼矢板壁面積当たり、50〜100千円/m²（諸経費込み）

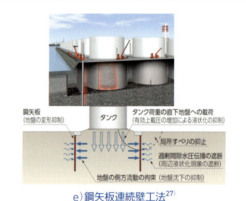

e）鋼矢板連続壁工法[27]

図2-16　既存構造物の液状化対策工法

側方流動対策

　護岸の移動に伴う地盤の側方流動対策は、大きく二つに分類される。一つは側方流動そのものを防止・抑制する、すなわち護岸や背後地盤の変位を抑制する方法である。もう一つの対策は、地盤の側方流動により被害を受け易い構造物の基礎や周囲地盤を補強することで、地盤全体で側方流動が発生しても特定の構造物の被害を軽減する方法である。

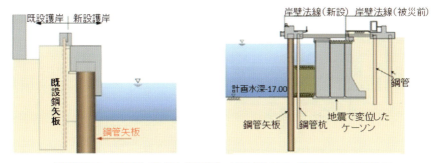

a) 岸壁前面への鋼管矢板・鋼矢板打設による対策(左)と、製鉄所での実施例(右)

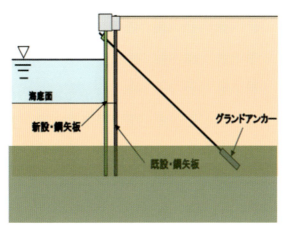

b) アースアンカーによる対策

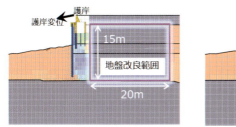

c) 地盤改良による対策

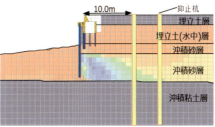

d) 抑止杭による変位抑制対策

図2-17　護岸の側方流動対策[6]

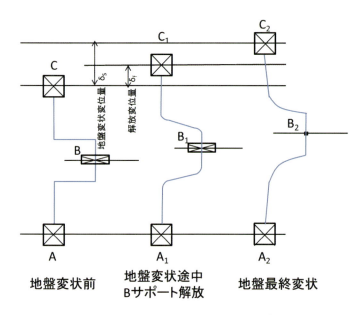

図2-18　地盤水平変位に対する配管の開放サポート対応

配管の変形性能向上対策

　液状化や側方流動による地盤変状（沈下・水平変位）はタンクや装置の傾斜や移動を引き起こし、これらをつなぐ配管に応力度を集中させる。「高圧ガス設備等耐震設計指針」では兵庫県南部地震のLPガスの漏洩事故を受け、地盤変位に対して配管の変形性能を高める耐震対策を規定した。

　図2-18は、AとCの固定支持点間の配管が地盤の側方流動による強制変形を受けた場合に、地震慣性力に対するB点のUボルト式サポートを破断・開放させることで配管に発生する過大な応力を緩和するものである。配管への強制変位は地震の揺れの後で起きるとの前提で、B点では慣性力に対して抵抗し、その後の一定の強制変位でUボルトが破断する設計を提示している[28]。

　図2-19は、機器基礎と接続配管の直近のサポート基礎を一体化させて相対変形を生じさせない対策、液状化による地盤沈下によりサポート基礎の荷重が掛からないよう、配管の上方への拘束を行わない対策法が示されている[29]。

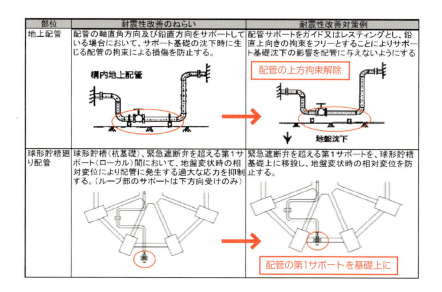

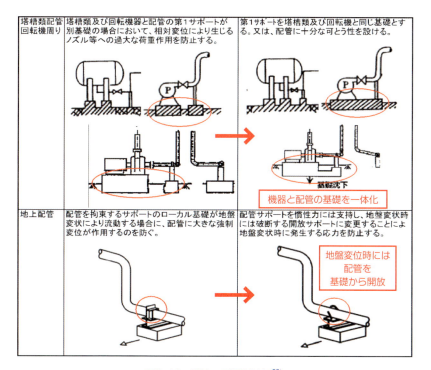

図2-19　配管の耐震対策例[29]

参考文献・引用文献

1) 消防庁，新潟地震火災に関する研究　非常火災対策の調査研究報告書　昭和39年度，http://www.fdma.go.jp/neuter/about/shingi_kento/h27/sekiyu_bousaitaisei/01/sanko1-1.pdf
2) 小野寺慶治，新潟地震・昭和石油製油所火災戦闘記 (1) & (2)，予防時報，No.59 & 60，1964
3) 吉見吉昭，砂地盤の液状化，技報堂出版，1991
4) 宮城県沖地震による災害現地調査報告，防災科学技術センター，1978
5) 稲葉忠，東北地方太平洋沖地震と兵庫県南部地震の教訓(ｺﾝﾋﾞﾅｰﾄの保安・防災))，二つの大地震被害から得られた被害抑制のための教訓，化学工学会SIS部会，2013
6) 濱田政則，臨海産業施設のリスク，早稲田大学出版部，2017
7) 兵庫県南部地震に伴うLPガス貯蔵設備ガス漏洩調査中間報告書，高圧ガス保安協会，1995
8) 山田實・亀井浅道，阪神大震災における屋外ﾀﾝｸ貯蔵所の被害状況，安全工学，Vol.34, No.6, 消防研究所，1995
9) LPG球形貯槽の倒壊による火災及び爆発，高圧ガス事故概要報告，No.2011-078, 高圧ガス保安協会，2011
10) 原子力安全・保安院，東日本大震災を踏まえた高圧ガス施設等の地震津波対策について(概要), http://www.mlit.go.jp/common/000212779.pdf#search=%27%E5%8E%9F%E5%AD%90%E5%8A%9B%E5%AE%89%E5%85%A8%E4%BF%9D%E5%AE%89%E9%99%A2+%E6%97%A5%E6%9C%AC%E5%A4%A7%E9%9C%87%E7%81%BD%E3%82%92%E8%B8%8F%E3%81%BE%E3%81%88%E3%81%9F%E9%AB%98%E5%9C%A7%E3%82%AC%E3%82%B9%E6%96%BD%E8%A8%AD%E7%AD%89%E3%81%AE%E5%9C%B0%E9%9C%87%E6%B4%A5%E6%B3%A2%E5%AF%BE%E7%AD%96%E3%81%AB%E3%81%A4%E3%81%84%E3%81%A6%27
11) 平成23年(2011年)東北地方太平洋沖地震の被害及び消防活動の調査報告書(第1報), 消防研究技術資料第82号，消防庁消防研究センター，2011
12) 2011東北地方太平洋沖地震の被害及び消防活動の調査報告書(第1報), 消防研究技術資料第82号，消防研究センター，2011
13) 西晴樹，東北地方太平洋沖地震での危険物施設の地震等被害，安全工学，Vol.50, No.6, 消防研究センター，2011
14) 東日本大震災におけるｺﾝﾋﾞﾅｰﾄ被害，火災被害等の現地調査結果，

消防の動き，2011年6月号，消防研究センター

15) 東日本大震災における仙台製油所の防災活動について，危険物保安技術協会―Sefety&Tomorrow，JX日航日石仙台製油所，2012
16) 西晴樹，東日本大震災における危険物施設の被害，そんぽ予防時報，Vol.249，消防研究センター，2012
17) 仙台市ガス局，東日本大震災　復旧の記録，2012
18) 消防庁，消防の動，No.482，2011年6月，http://dl.ndl.go.jp/view/download/digidepo_3481903_po_2306_06.pdf?contentNo=6&alternativeNo=
19) 危険物保安技術協会，次郎丸誠男，予防行政の歩み　危険物規制と防災安全，2.2.1耐震基準の変遷，オーム社，2009
20) 久保俊彦編著，地震と建築，鹿島出版会，1974
21) 大正末期の建築物と関東大震災，JAEE NEWSLETTER, Vol.2, No.3，日本地震工学会，2013
22) 産業施設の強靭化工法に関する研究会，臨海部産業施設の強靭化工法ガイドライン，2016，p.27表1.7（資料提供：前田建設工業（株））
23) 前掲22），p.26表1.6（資料提供：（株）安藤・間，三井金属エンジニアリング（株），（株）関根工業）
24) 濱田政則，地盤耐震工学，丸善出版，2013
25) 前掲22），p.17表1.4（資料提供：小野田ケミコ（株））
26) 前掲22），p.23表1.5（資料提供：前田建設工業（株），（株）ミヤマ工業）
27) 前掲22），p.28表2.1（資料提供（株）技研製作所）
28) 池田雅俊，プラント耐震設計システムズ，配管の開放サポートの考え方と模式図，配管の耐震設計
29) 経済産業省（高圧ガス保安協会，高圧ガス設備等耐震診断検討委員会），高圧ガス設備配管系耐震診断マニュアル，Ⅳ.既存配管系耐震性能改善対策 編，2008

3章

国・自治体の施策と課題
―― 臨海部産業施設の強靭化

3-1　国土強靱化基本法

「強くしなやかな国民生活の実現を図るための防災・減災などに資する国土強靱化基本法」（いわゆる強靱化基本法）が平成25年（2013年）12月、制定された。

国土強靱化基本法の成立を受けて、内閣府は"ナショナル・レジリエンス懇談会"を府省連携で組織し、各省庁の防災関係者、学識経験者を交え、国土強靱化に向けて国として取り組む課題を整理した。この中で、わが国で自然災害によって"起こってはならない事象"として以下の15の項目を挙げている。

起こってはならない事象
1) 建物・交通施設の大規模倒壊と火災
2) 大規模津波などによる多数の人命の損失
3) 異常気象による都市部の長期的浸水
4) 火山噴火、土砂災害による多数の人命の損失
5) 情報伝達の不備による多数の死者の発生
6) 自衛隊、消防による救助・救急活動の不足
7) 被災地への物資供給の長期停止
8) 食糧の安定供給の停滞
9) 石油・LPガスサプライチェーンの機能停止
10) サプライチェーンの寸断による国際競争力の低下
11) 社会経済活動に必要なエネルギー供給の停止
12) 太平洋ベルト地帯の幹線の分断
13) 情報通信の長期停止
14) 中央省庁の機能不全
15) 農地・森林などの荒廃

これらの項目には、将来の自然災害に対してわが国が備えるべき課題が示されているが、各省庁が抱える、あるいは既に何らかの施策を行ってきた課題が網羅的に挙げられている。府省連携制が謳われているが、国土強靱化に向けてどの課題により重点的に取り組むかという具体的な道筋が示されてい

ない。

　国土強靭化基本法の第2章に基本方針として以下の4項目が冒頭に挙げられている。

1)　人命の保護が最大限に図られること。
2)　国家及び社会の重要な機能が致命的な障害を受けないこと。
3)　国民の財産および公共施設の被害を最小化すること。
4)　迅速な復旧・復興を図ること。

　最初の基本方針として、将来の災害に対して人命の保護を挙げているのは、2011年東北地方太平洋沖地震で、死者・行方不明者22,000名（2018年3月、消防庁）の犠牲者が発生したことから当然のことである。基本方針の2番目に挙げられた、"国家および社会の重要な機能が致命的な障害を受けないこと"、は本書で重点的に取り上げている臨海部の産業施設や空港など社会基盤施設の強靭化と直接的に関係している。臨海部産業施設の自然災害による機能損失は、わが国のみならず世界の経済活動に計りしれないほどの打撃を与え、国の存亡にかかわる重大事となる恐れがある。

3-2　津波防災地域づくり

1　津波防災地域づくり法

　津波災害に強い地域づくりを推進するため、「津波防災地域づくりに関する法律」（平成23年法律123号）が成立した[1]。この法律の概要を図3-1に示す。

　同法によれば、津波防災地域づくりを推進するため、まず国土交通大臣が定める基本方針に基づき都道府県知事が最大クラスの津波を前提とした津波浸水を想定する。この津波浸水想定を踏まえて、ハード・ソフトの施策を組み合わせて市町村が推進計画を策定する。

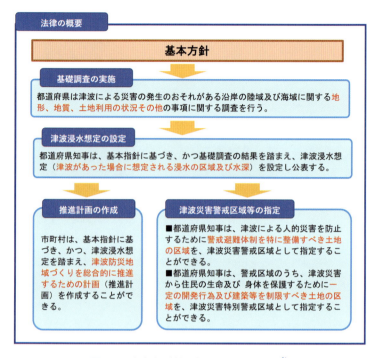

図3-1 津波防災地域づくり法の全体概要[1]

　推進計画では、「避難路、避難施設、公園、緑地、地域防災拠点施設その他の津波の発生時における円滑な避難の確保のための施設の整備及び管理に関する事項」を定めるとされている。また、市町村長は津波の発生時における円滑かつ迅速な避難の確保を図るため、津波災害警戒区域内に存する施設で一定の基準に適合するものを指定避難施設として指定することができるとしている。この制度に沿って地域づくりを進めた大船渡市の事例を3-5節で紹介する。

　国土交通省は津波防災地域づくり法に基づき「津波防災地域づくり推進計画作成ガイドライン」をまとめている[2]。ガイドラインの主要な項目は以下の通りである。

1) 基礎調査：都道府県および国土交通省による海岸地形調査結果および土地利用状況の調査結果を収集・整理する。

```
基礎調査（都道府県、国土交通大臣）
・地形データの作成（海域及び陸域）・地質等に関する調査
・土地利用状況の把握等
・広域的な見地から必要とされるものは国土交通大臣が実施し、都道府県に提供
          ↓
最大クラスの津波の断層モデルの設定（都道府県）
・国（中央防災会議等）において検討された断層モデルを都道府県に提示
・最大クラスの津波の断層モデル（波源域及びその変動量）の設定
          ↓
津波浸水シミュレーション（都道府県）
・地形データ等をシミュレーションに反映
・建築物等による流れの阻害を土地利用状況に応じた粗度係数として設定
・悪条件（朔望平均満潮位※、海岸堤防の倒壊等）のもとで設定
・シミュレーション（平面2次元モデル）により海域及び陸域の津波の伝播を表現
          ※朔(新月)と望(満月)の日から5日以内にあらわれる各月の最高満潮位の平均値
          ↓
津波浸水想定の設定・公表（都道府県）
・最大クラスの津波における浸水の区域及び浸水深を表示
・国土交通大臣への報告
・関係市町村長への通知
・都道府県の広報、印刷物の配布、インターネット等により十分に周知
          ↓
津波災害（特別）警戒区域の指定（都道府県）
推進計画の作成、警戒避難体制の整備（市町村等）
```

断層モデル

津波浸水シミュレーション

津波浸水想定

図3-2　津波防災地域づくり推進計画策定までの流れ[3]

2) 断層モデルの設定：最大クラスの津波を発生させる断層モデルにより、波源域と変動量を設定する。

3) 津波浸水シミュレーション：津波の海洋における伝播、および遡上のシミュレーションにより浸水域、浸水深を算定する。

4) 津波浸水想定の公表：都道府県が関係市町村へ浸水域、浸水深を公表する。

5) 警戒地域の指定と避難体制の整備：都道府県は警戒地域を指定し、市町村などは警戒避難体制を整備する。

2　津波防災地域づくり

津波防護施設の整備

　津波防護施設の整備は原則として都道府県が行うが、国による財政的支援を活用できる場合がある。また、市町村長が管理することが適当であると認められる場合で都道府県知事が指定したものについては、市町村長がその管理を行うことができる。津波防護施設に該当する施設は、盛土構造物、閘門、

護岸などである。

　津波防護施設は、巨大な地震や津波、津波の発生に伴う漂流物の衝突等に耐えられる安全な構造とするため、国土交通省が定める技術上の基準を満たす必要がある。

土地区画整理事業

　津波による災害発生の可能性の高い地域では、宅地の盛土・嵩上げ等、津波災害の防止措置を講じた土地等へ住宅及び公益的施設を集約し、安全性の向上を図ることが求められる。推進計画区域内で施行される土地区画整理事業において津波災害の防止措置を講じられた土地、または講じられる予定の土地に住宅や公益的施設の宅地を集約するための区域（図3-3に示す津波防災住宅等建設区）を定め、それらの土地所有者がその区域内へ換地の申し出ることができる。

集団移転促進事業計画の作成

　津波は広範な地域で被害をもたらすおそれがあり、一つの市町村だけでは十分に対応できない事態も想定される。市町村が策定主体とされている集団移転促進事業計画を特別措置（防災のための集団移転促進事業に係る国の財政上の特別措置等に関する法律第3条第1項）により、都道府県が策定できることになっている。本特例を利用するために、都道府県が策定する集団移転促進事業計画は、津波防災地域づくり推進計画に掲げられた事項に適合している必要がある。

津波避難ビルの容積率規制の緩和

　最大クラスの津波（L2）に対応するためには、海岸堤防等のハード整備に加えて、避難を中心とするソフト対策が重視される。この規制緩和によれば、津波からの避難に資する一定の基準を満たす建築物の防災用備蓄倉庫などは、建築審査会の同意を不要とし、行政庁の認定により、容積率を緩和することができるとされている。津波避難建造物の容積率規制の緩和措置の考え方を図3-4に示す。

図3-3　津波防災住宅等建設区のイメージ[2)]

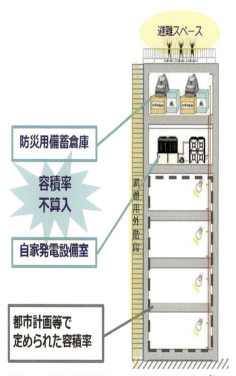

図3-4　津波避難建造物の容積率規制の緩和[2)]

3章　国・自治体の施策と課題

3-3　コンビナートの強靱化

1　経済産業省による石油コンビナートの強靱化

　経済産業省は国土強靱化基本法の制定と併行する形で、平成25年度（2013年度）に「産業エネルギー基盤強靱性確保調査事業」[4]を実施した。この事業は、2011年東北地方太平洋沖地震により、多くの産業施設に深刻な被害が発生し、国民生活に多大な影響を及ぼしたこと、さらには産業施設の被害が被災地の復旧・復興活動にも重大な支障を与えたことを教訓として執行された。本調査事業のため「産業エネルギー基盤強靱性確保調査事業評価委員会」が組織され、石油精製事業、石油化学事業、および鉄鋼事業から24の事業所を公募により選定し、将来の地震・津波による被害を予測して、産業施設強靱化のための基本方針を策定することが本調査事業の目的であった。

　前記の調査事業の執行後の翌年に開始された「石油供給インフラ強靱化事業」[5]では、強靱化の対象が石油精製事業とそれに関連する事業に限定されることになった。この制度イメージを図3-5に示す。この事業は燃料安定供給対策のひとつ精製・流通の合理化の施策として実施された。「石油供給インフラ強靱化事業」がいわゆる石油石炭税にその財源を得ていたことが、対象事業が限定された理由の一つである。「石油供給インフラ強靱化事業」は平成26年度（2014年度）からの6年間で約1,000億円の国費（石油石炭税）投入される計画で、年間100数十億円が支出されている。

「石油供給インフラ強靱化事業」の問題点は、事業の執行を急いだことである。産業エネルギー基盤強靱性確保調査事業がわずか一年間で必要な調査を終了し、翌年度の平成26年度（2014年度）から石油供給インフラ強靱化事業が開始された。強靱化のための施工法の開発や設計法の整備が不十分なまま、強靱化工事が執行されることになった。既存の石油精製施設の強靱化工事は、工事用のスペースが狭隘で制限されていること、施設を稼動させながらの施工であり、振動や火気・騒音が厳しく制限されることもあって、通常の工法の適用が困難な場合が多い。このため、これらの条件を満足する工法で、強靱化の効果を事前に確認しておく必要があるが、これが十分には行われていない状況で事業が開始された。

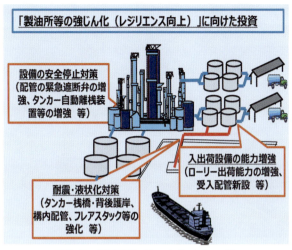

図3-5　製油所等の強じん化イメージ[6]

2　国土交通省の施策

　国土交通省は公的管理の重要護岸については液状化対策などの施策を進めてきた。また県や市が管理する護岸も強靭化が進められている。国土交通省は、地震・津波などによる災害時にも主要航路の機能を維持し、海上交通を確保するという役割を担っている。しかし川崎港京浜運河の例を図3-6に示すように、主要航路に面して公有管理の護岸と民有管理の護岸が混在している。公有護岸が強靭化によって災害時に破壊されることなく護岸としての機能を維持しても、民有護岸が崩壊あるいは大きく損傷した場合、石油製品などの危険物が航路に流出して、航路としての機能は失われることになる。これらの海上流出油の回収には相当な日数が要することとなり、主要港湾の輸出入が停止して、経済活動や国民生活に深刻な影響を与える。

　国土交通省関東地方整備局は平成19年（2007年）に「臨海部の地震被災影響検討委員会」を設置し、港湾施設の耐震化の必要性に関する提言（骨子）をまとめている。そこではコンビナート港湾の護岸の老朽化に伴う護岸の破壊により近傍の石油タンクが破断し大量の危険物が流出する懸念が指摘された。

　また国土交通省は平成26年（2014年）に民有護岸強靭化に関し「無利子貸付

図3-6 川崎港京浜運河(主要航路に面して公有護岸と民有護岸が混在している)

及び法人税の特例措置」[7]を制定した。これは民間事業者保有の護岸で耐震性が十分でなく、油や土砂流出によって航路の機能に影響を及ぼす恐れのある護岸などの補強に対し、無利子、無担保で資金を貸し付け、さらに補強によって増えた資産価値に対する税を減免するという制度である。しかしながら、経済産業省による補助が強靭化費用総額の3分の2で、事業者にとって有利であるため、国土交通省による補助制度は過大な費用とその負担等の問題から活用されていない。

3-4　臨海部強靭化への自治体の取組(川崎市の事例)

1　川崎市臨海部防災対策計画

　川崎市臨海部は、石油・石油化学、鉄鋼、セメント等の素材系産業や電力・ガス等のエネルギー産業、及び中小企業で構成される工業団地等が集積し、我が国の経済の一翼を担う極めて重要な地域である。このため、川崎市臨海部は石油コンビナート等災害防止法[8]に規定される特別防災区域に指定され、石油精製業、化学工業及び製鉄業等の特定事業所が多数立地している。これま

図3-7 石油コンビナート等災害防止法に規定される特別防災区域[10]

で、川崎市における主要地方道・東京大師横浜線以南の地区を「臨海部」とし、これらの地域を主たる対象地域として、石油コンビナート等災害防止法に基づき、神奈川県石油コンビナート等防災計画[9]が策定されるとともに、川崎市地域防災計画・都市災害対策編並びに震災対策編において臨海部に係る防災の検討が行なわれてきた。

このような背景のもと、平成25年（2013年）4月に、臨海部の災害の未然防止と災害が発生した場合の拡大防止のための「総合的運用計画」として、川崎市臨海部防災対策計画[10]が策定された。さらに、平成25年度（2013年度）から26年度（2014年度）にかけて神奈川県石油コンビナート等防災アセスメント調査[11]が実施され、併せて平成28年（2016年）3月において神奈川県石油コンビナート等防災計画が修正されたことを受け、平成29年（2017年）11月には川崎市臨海部防災対策計画の改正に至っている。図3-7に川崎臨海部エリアを示す。

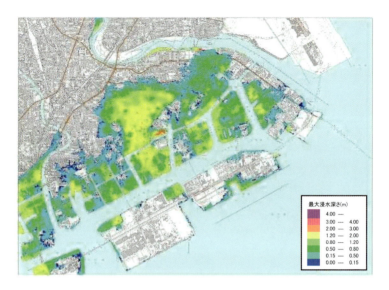

図3-8　川崎臨海部の地震津波浸水予測図[10]

2　津波災害と対策

　川崎市臨海部防災対策計画では、神奈川県が想定した津波のうち、川崎市における浸水域、浸水深が最大クラスの「慶長型地震*」による津波を対象としている。図3-8に川崎臨海部の地震津波浸水予測図を示す。

　　　＊1605年の慶長地震は、地震の揺れはあまり大きくなくても津波が大きい地震（津波地震）として知られている。痕跡等の史料は乏しいが、神奈川県は最大規模の津波を生じる可能性がある地震として被害想定の対象としている。

津波浸水予測

「慶長型地震」による津波想定は以下の通りである。
- ・川崎市域の最大津波到達時刻　　　96 分
- ・最大津波高　　　　　　　　　　3.71m（満潮時）
- ・川崎市域の浸水深 浅野町の一部など　2～3m
- ・その他の地域　　　　　　　　　2m以下

津波被害想定

　川崎区、幸区2区で建物の全半壊10,000棟余、浸水4,600棟余、また、人的被害は避難行動をとらないとした場合、5,000人余の死者が出ると予想し、避難すればこれをゼロにできると見込んでいる。

3-5　東日本大震災からの自治体の復興（大船渡市の事例）

1　被災の状況

　市域面積323km^{2}のうち浸水面積は約4km^2、浸水面積の約5割は建物用地であった。

　人的被害は震災約2ヵ月後の5月6日時点、死亡者・行方不明者459人。市民の2割が避難所での生活を強いられた。また被災者の約7割を高齢者が占めた。地区別被災人口では、大船渡町の死亡者・行方不明者は100人を超える。一方、明治三陸津波で甚大な被害を受けた吉浜は、家屋が高台に立地しているため被害の拡大を防ぐことができた。

　建物被害では建物の約3割が被災し、大船渡湾で被害が大きく、大船渡町、末崎町、赤崎町で約4割の建物が被災した。また産業関連の被害として、水産関係被害は総額約471億円で、大船渡市の水揚げ金額（平成22年度）(2010年度)の約8倍に匹敵した。また市内の事業所（2,629事業所）のうち1,416件が被災し、被災率は53.9％に上った。

2　大船渡市総合計画

　東日本大震災により、大船渡市は沿岸部を中心に大きな被害を受けた。この類を見ない災害を乗り越え、被災者が生活を再建するとともに、市民が幸せを感じ、誇りをもてるまちとして大船渡市が再生するためには、市民や企業、行政などの協働による取組を原動力にして、災害の経験と教訓を生かしながら、単なる復旧に留まらない、再び今回のような災害にあわないまちづくりを推進しなければならない。そのための総合的な計画として、「復興計画」を策定した。

　大船渡市政の最上位計画は、大船渡市総合計画である。災害からの復興は、

緊急かつ最大の課題であり、最優先に取り組まなければならないため、できるだけ早期に復興に向けた取組を示すよう、大船渡市総合計画の基本構想や理念を踏まえて復興計画を策定した。復興計画の計画期間は、総合計画と同じく平成23年度（2011年度）から平成32年度（2020年度）までの10年間とし、平成25年度（2013年度）までの3年間を前期、その後の3年間（平成26年度（2014年度）～平成28年度（2016年度））を中期、計画期間の締めくくりとなる4年間（平成29年度（2017年度）～平成32年度（2020年度））を後期として設定した。

　復興の全体目標は、「大船渡市が、大災害を乗り越え、よりよいまちとして再生する」ことである。災害前の生活を回復し、より前進した新しい姿を創り出せるよう、市民がともに知恵を出し合い、協力し合いながら復興に取り組むこととした。そして「市民生活の復興」、「産業・経済の復興」、「都市基盤の復興」、「防災まちづくり」の4分野について課題、目標、方針・施策を市民総参加の中で取りまとめた。

3　津波復興拠点整備[12),13)]

　東日本大震災により被災した地域では、住宅や業務施設のみならず、学校・医療施設・官公庁施設といった公益的施設も甚大な被害を受けている地域が多く、地域全体の復興の拠点として、これらの施設の機能を一体的に有する市街地を緊急に整備し、その機能を確保することが喫緊の課題となった。

　このため、津波防災地域づくりに関する法律第17条に規定されている「団地の津波防災拠点市街地形成施設の枠組み」を活用し、津波に対する防災性を高める拠点であるとともに、被災地の復興を先導する拠点となる市街地の形成を支援する目的で津波復興拠点整備事業が創設された。この整備事業は、津波災害の被災度等に応じた採択要件を満たす市町村に限定されており、基本的には東日本大震災復興特別区域法第77条に規定する復興交付金事業計画の区域内で復興交付金事業として行われる事業に限られる。

　採択要件は、浸水により被災した面積が概ね20ha以上であり、かつ、浸水により被災した建物の棟数が概ね1,000棟以上であること、あるいは国土交通大臣が、この要件と同等の被災規模であると認めるものとなっている。交付

①	キャッセン・ファクトリー	⑤	キャッセン・モール&パティオ
②	キャッセン・フードビレッジ	⑥	キャッセン・ショッピングセンター
③	キャッセン・スティ	⑦	キャッセン・ピア
④	キャッセン・ドリームプラザ	⑧	キャッセン・クリエイティブファーム

図3-9 大船渡駅周辺地区の復興まちづくり(部分)[12]

対象は計画策定支援に要する費用、公共施設等整備、用地取得造成などで、交付事業者は地方公共団体（道県・市町村）である。

　大船渡駅周辺地区の復興まちづくりにあたり、この津波復興拠点整備事業を活用して進めている。復興まちづくり構想を図3-9に示す。大船渡地区津波復興拠点整備事業基本計画では、須崎川を挟む街区約4.8ha（須崎川及び沿川道路等約0.6haを含む）を対象区域として策定している。

参考文献・引用文献

1) 国土交通省，津波防災地域づくりに関する法律について，http://www.mlit.go.jp/sogoseisaku/point/tsunamibousai.html
2) 国土交通省，津波防災地域づくり推進計画作成ガイドライン，2018. 4，http://www.mlit.go.jp/common/001230612.pdf
3) 国土交通省，津波防災地域づくりに関する現状と課題，http://www.mlit.go.jp/river/shinngikai_blog/tsunamiKondankai/dai01kai/pdf/doc_3_1.pdf
4) 経済産業省，産業エネルギー基盤強靭性確保調査事業，http://www.enecho.meti.go.jp/appli/public_offer/130308a/pdf/aplpof_130308a2.pdf
5) 経済産業省，石油供給インフラ強靭化事業，http://www.enecho.meti.go.jp/appli/public_offer/1702/170213c/
6) 経済産業省資源エネルギー庁石油精製備蓄課，平成28年度石油コンビナート事業再編・強靭化等推進事業
7) 国土交通省，無利子貸付及び法人税の特別措置，https://www.mlit.go.jp/common/001037862.pdf
8) 石油コンビナート等災害防止法，http://www.shugiin.go.jp/internet/itdb_housei.nsf/html/houritsu/07619751217084.htm
9) 神奈川県，神奈川県石油コンビナート等防災計画，2018，http://www.pref.kanagawa.jp/docs/a2p/cnt/f5050/p15003.html
10) 川崎市，川崎市臨海部防災対策計画，2017，http://www.city.kawasaki.jp/170/cmsfiles/contents/0000047/47665/plan.pdf
11) 神奈川県，神奈川県石油コンビナート等防災アセスメント調査，2018，http://www.pref.kanagawa.jp/docs/a2p/cnt/f5050/p714212.html
12) 大船渡市，大船渡地区津波復興拠点整備事業について，http://www.city.ofunato.iwate.jp/www/contents/1348644792308/index.html
13) 大船渡市，大船渡地区津波復興拠点整備事業基本計画（案），http://www.city.ofunato.iwate.jp/www/contents/1378113337451/files/kihonnkeikaku1.pdf

4章

空港の自然災害リスクと強靭化

港湾、ならびに空港は背後圏の経済活動を支える重要なインフラとして機能している。このため、一時的であってもその機能が停止すると、その影響は大きい。また、停止期間が長期に及ぶと、代替の港湾、空港への転化が進み、これが常態化する。この場合、元の需要を取り戻すことは難しく、背後圏の経済活動に計り知れない影響を与える。一方、改正PFI（Private Finance Initiative）法（民間資金等の活用による公共施設等の整備等の促進に関する法律）(2011年)、民活空港運営法(2013年)等による空港施設の民営化、いわゆる空港コンセッションが進んでいる。コンセッション方式は民間の資金や経営ノウハウを活用できるメリットを期待したものであるが、災害時の諸対応は、基本的に運営権利者の責任に帰すため、予想を超えるような被害が発生した場合には、資金不足や復旧費調達の不備などから、復旧の遅延や、場合によっては経営持続が困難な状況に至ることも考えられる。コンセッションは空港に限るものではなく、港湾、道路、上水といったインフラも対象であり、今後、インフラ施設の運営形態は民営化の促進とともに、多様化するもと考える。一方で、想定を超える自然災害に対し、そのリスクをだれが負担し管理するのか、説明性の高いマネジメントの方法の整備が急がれている。

　本章は、空港に着目し、過去に発生した地震・津波・高潮等による被害実態について紹介する。そして、空港の強靭化のあり方をリスクマネジメントの観点から解説し、背後圏の経済活動への影響について考察する。

4-1　既往地震・津波・高潮による空港被害

1　地震による空港の被害

　近年の地震による空港被害と再開時期をまとめたものを表4-1に示す。2000年鳥取県西部地震[1]は幅約10km〜15kmの横ずれ断層で、気象庁マグニチュード（以下同様）は7.3である。境港市にある気象庁境測候所では震度6強、最大加速度736cm/s2（EW）を記録している。死者はなかったが、鳥取県内での負傷者は141名、全国では182名に上った。同地震により、米子空港[2]は液状化を原因とした亀裂が滑走路の横断方向に発生し、1〜2cmの段差も生じている。被害は約500m海中に延長した埋立地盤の滑走路上で起きたもので、運航再開

に5日を要している。

　2003年十勝沖地震[3]は9月26日、震源深さ45km、マグニチュード8.0、釧路沖で発生した。北海道南西部の広い範囲に被害を与え、津波が生じた。発生から1時間18分後には十勝沖を震源とするマグニチュード7.1の余震も起きている。本震による釧路市の震度は5強を記録した。釧路市南西に位置する釧路空港は、旅客ターミナルビル等の天井落下を含めた被害が生じた。この状況を図4-1に示す。釧路空港は、応急復旧により、同日（26日）15時には運航を再開している。

表4-1　近年の地震による空港被害と再開時期

地震	空港名	主な被害	民航の再開時期
鳥取県西部地震 (M7.3) 2000/10/6	米子空港	滑走路　液状化により横断方向に2本の幅1cm程度の亀裂と1～2cmの段差	5日後
十勝沖地震 (M8.0) 2003/9/26	釧路空港	ターミナルビル広い範囲の天井の落下	同日
能登半島地震 (M6.9) 2007/3/25	能登空港	滑走路 横断方向の亀裂14カ所、最大幅2cm、段差2cm、管理棟柱部に亀裂	翌日
東北地方太平洋沖地震 (M9.0) 2011/3/11	仙台空港	誘導路及びエプロンの一部に液状化による沈下、滑走路及び誘導路の横断方向にそれぞれ11本の亀裂、大規模津波浸水	50%の運航まで136日
熊本地震 (M7.3) 2016/4/16	熊本空港	滑走路、誘導路等 若干ひび割れや段差が発生、ターミナルビルの天井崩落、水漏れ	5日後
北海道胆振東部地震 (M6.7) 2018/9/6	新千歳空港	テナント部の天井落下、水漏れ	国内線翌日、国際線2日後

図4-1　2003年十勝沖地震による釧路空港の天井被害[3]
※釧路空港ビル株式会社提供

　2007年能登半島地震[4]はマグニチュード6.9、震源深さは11km、最大の震度6強を記録したのは七尾市、輪島市、穴水町である。能登空港は輪島市に位置し、滑走路等に亀裂や段差が生じたものの、地震発生翌日（26日）未明には修復作業は終了し、運航は再開された。

　2011年東北地方太平洋沖地震（東日本大震災）は3月11日の14時46分に発生し、マグニチュードは9.0、同時に大津波が発生し、東北地方の東沿岸部に甚大な被害を与えた。図4-2は15時59分に津波が来襲した時の仙台空港の状況である。

　図4-3は仙台空港の貨物ターミナルの火災被害の状況である。津波で流された車両が建物内に進入、破壊された車両のガソリンに引火爆発した。

　仙台空港が位置する名取市は震度6強[7]であったが、空港事務所の一部天井落下やキャビネットの転倒等は起きたものの、旅客ターミナルビルには目立った被害は確認されていない。大津波による浸水は、旅客ターミナルビル1階の3.0m程に達した。一連の被災で、仙台空港は常時の5割の運航復旧に136日程要し、完全復旧は200日以降となった。強い揺れによる液状化被害も発生している。液状化対策が施工された範囲では被害は見られなかったものの、未

　　　(a) エプロン部　　　　　　　　　　　　(b) 駐車場
　　　　　　　図4-2　仙台空港の津波被害[5]

　　(a) 貨物ターミナル　　　　　　　(b) 貨物ターミナルの内部
　　　　図4-3　仙台空港の貨物ターミナルの火災被害の状況[6]

　　(a) 横断方向から撮影　　　　　　　(b) 縦断方向から撮影
　　　　図4-4　仙台空港誘導路の液状化による沈下の様子[5]
　　　　　　　※塩釜港湾・空港整備事務所 提供

　　　(a) 滑走路端部のひび割れ　　　　　　　　(b) 誘導路のひび割れ
　　　　図4-5　2016年熊本地震による熊本空港の地震被害[8]

　対策範囲では誘導路の陥没、変形、エプロン沈下、クラックなどの液状化被害が発生した。図4-4は仙台空港の誘導路の液状化による沈下の状況である。沈下は、地下のボックスカルバーの周辺に発生しており、従前から液状化の危険性が指摘されていた。
　2016年熊本地震（4月16日本震）[8]は、4月14日21時26分にマグニチュード6.5の前震があり、その後16日1時25分にマグニチュード7.3の本震が起きた。本震では西原村と益城町で震度7を観測した。熊本空港は震度6弱を観測し、旅客ターミナルビルの天井崩落に加え、滑走路、誘導路等にひび割れや若干の段差が発生した。図4-5は滑走路端部、誘導路のひび割れの状況である。民航の運航再開には5日を要している。
　2018年北海道胆振東部地震[9]は、9月6日の3時7分に発生した。胆振地方中東部を震源とし、マグニチュード6.7であった。厚真町では震度7を記録し、道内最大出力を持つ苫東厚真火力発電所は、強い揺れの影響でトリップした。これにより一時的ではあるが北海道全域で停電、いわゆるブラックアウトが発生した。新千歳空港のある千歳市は震度6弱で、ターミナルビル内のテナント部の天井が落下、これにより水漏れが生じた。国内線は翌日に再開され、国際線2日後に再開された。

2　台風による空港の被害

　近年の台風による空港被害と再開時期を表4-2に示す。1999年9月の台風第18号[10]は、9月19日に沖縄の南海上で発生し、発達しながら北上、中心気圧930hPaまで低下した。24日6時頃強い勢力のまま熊本県北部に上陸した後、九州北部を通り、24日9時前に山口県宇部市付近に再上陸し、中国地方西部を通って日本海に進んだ。山口宇部空港[11]は、満潮と高潮の影響で、高さ約1.2m、厚さ約1mの防波堤が14か所で損壊し、滑走路が冠水した。また、旅客ターミナルビルや電源局舎など空港施設への浸水は、最高1.5m近くになり、空港の機能は完全に停止した。完全復旧は数ヶ月後であるが、4日後には有視界飛行での運航が再開された。

　2006年9月の台風第13号[12]は、フィリピン南東沖で発生し、発達しながら北西へ進み、16日に中心気圧919hPaの猛烈な勢力となって石垣島付近を通過した後に、進路を北東に変え、九州に接近した。17日18時過ぎに長崎県佐世保市付近に上陸、20時過ぎに福岡県福岡市付近から日本海（玄界灘）へ進んだ。北九州空港は無線施設や灯火施設が波をかぶり、一時的ではあるが機能停止した。

表4-2　近年の台風による空港被害と再開時期

地震	空港名	主な被害	民航の再開時期
1999年9月第18号	山口宇部空港	滑走路やターミナルビルが浸水	4日後
2006年9月第13号	北九州空港	無線施設や灯火施設が波をかぶる	一時的な機能停止
2018年9月第21号	関西国際空港	第1ターミナルビル側A滑走路・駐機場ほぼ全域が冠水。深い場所で深さ約40〜50cm。第1ターミナルビル地下従業員用エリア、高圧電気室浸水。タンカーが台風の強風により、連絡橋に衝突。	第2ターミナルビルとB滑走路3日後、被災した第1ターミナルビルは17日後に再開、ただし、連絡橋の完全復旧は2019年春の見通し

(a) 第1ターミナルビル電気設備　　　　　　(b) 貨物建屋周辺の冠水
図4-6　2018年台風21号による冠水の状況[15]

　2018年9月の台風第21号[13]は、8月25日頃にマーシャル諸島近海で形成した低圧部が、熱帯低気圧に発達、その後速いペースで発達し29日には暴風域を伴う台風となった。31日午前には猛烈な勢力に発達し、西進しつつ、高知県の一部を暴風域に巻き込みながら北上し、非常に強い勢力を保ったまま4日12時頃徳島県南部に上陸した。上陸時の中心気圧は950hPa、同日14時頃には兵庫県神戸市付近に再上陸した。新関西国際空港[14]では高潮と風浪により海水が越流し、第1ターミナルビル側A滑走路・駐機場のほぼ全域が冠水した。浸水深は約40～50cmで、第1ターミナルビル地下従業員用エリア、高圧電気室等が浸水した。また、係留中のタンカーが台風の強風により、連絡橋に衝突した。同空港の機能は完全に喪失した。浸水を免れた第2ターミナルビルとB滑走路は3日後に、被災した第1ターミナルビルは17日後に再開した。ただし、連絡橋については、一部の機能は回復したものの、完全復旧は2019年の春を予定している。図4-6は、第1ターミナルビル電気設備の冠水の状況と貨物建屋周辺の冠水の状況である。

3　空港の防災対策

　空港の防災に関する行政計画として「地震に強い空港のあり方（2007年）」[16]（以下、「空港のあり方」）が公開された。発災時の救急・救命活動、支援物資・人員の輸送等。防災拠点として空港の役割を示すとともに、地震発生からの時間段階に応じた空港総体として機能、いわゆる要求性能が明示された。その

中で、定期民航については、発生後3日を目途に通常時の50%に相当する輸送能力を確保するよう求めている。これは、空港の背後圏の経済活動の継続性確保を目標に、発災早期から空港機能の維持、強化を謳ったものである。しかしながら、そもそも空港全体としての機能を、発災からの経過時間とともにどのように評価するか、いわゆる空港機能のレジリエンスを記述する方法が整備されていないことに問題がある。この点について、中島ら[17]は、空港を構成する施設や構造物の設計基準は、構造物のタイプによって分かれており、それぞれの地震荷重、安全性の照査方法も異なる。このため、空港全体としての性能を評価する方法は確立されていない、と指摘している。表4-3に空港が健全に機能する上で必要な施設や構造物の耐震設計基準をまとめて示す。基準類は多岐にわたっている。例えば、液状化判定を見ると、建築基準法、港湾の施設の技術上の基準・同解説、道路橋示方書などに判定法があるが、構造物の種類によって判定法が異なっている。この背景には、施設やそれを構成する構造物が多様化し、また巨大化したことが理由の一つとしてあるが、それとともに専門とする分野が細分化し、その細分化された中で技術が研鑽されてきた経緯がある。このため、空港全体としての安全性について積極的に議論されたことはなく、その結果、空港全体としての弱点や優先的に対処すべき対策を把握できない、という盲点をつくりあげてきたと考える。

　また、現行の設計基準の多くは施設等の機能確保や早期復旧の目標レベルを明記しているわけではない。このため、「空港のあり方」において示された機能面での要求性能との整合が必ずしも図れていない。つまり、地震発生時、空港全体に求められる要求性能が満たされているか否かを明示的に確認する方法はなく、さらに機能を維持する上で障害となる、いわゆるボトルネックとなる施設の特定や、それが空港機能にどのように影響するかを把握できない。

表4-3 空港機能を構成する主要な施設と耐震設計基準[17]

施設、構造物		耐震設計基準等
管制塔	建屋	官庁施設の総合耐震計画基準及び同解説、官庁施設の総合耐震診断・改修基準及び同解説
	設備	同上
	液状化判定	建築基準法
旅客ターミナル	建屋	建築基準法
	設備	建築設備耐震設計・施工指針
	液状化判定	建築基準法
電源管理施設(電源局舎)、消防所(消防局舎)	建屋	建築基準法
	設備	建築設備耐震設計・施工指針
	液状化判定	建築基準法
場面管理棟	建屋	官庁施設の総合耐震計画基準及び同解説、官庁施設の総合耐震診断・改修基準及び同解説(国管理空港の場合)、建築基準法(地方管理空港の場合)
	設備	同上
	液状化判定	官庁施設の総合耐震計画基準及び同解説、官庁施設の総合耐震診断・改修基準及び同解説
滑走路、過走帯、着陸帯、滑走路端安全区域、誘導路、誘導路帯、エプロン、GSE通行帯、道路・駐車場、排水施設、共同溝、消防水利施設、場周柵、ブラストフェンス、侵入灯橋梁	構造物	空港土木施設耐震設計要領及び設計例
	液状化判定	港湾の施設の技術上の基準・同解説
護岸	構造物	空港土木施設耐震設計要領及び設計例
	液状化判定	港湾の施設の技術上の基準・同解説
桟橋	構造物	空港土木施設耐震設計要領及び設計例
	液状化判定	港湾の施設の技術上の基準・同解説
航空燃料の給油タンク	構造物	消防法
	液状化判定	同上
アクセス	道路橋	道路橋示方書・同解説
	液状化判定	道路橋示方書・同解説
	鉄道橋	鉄道構造物等設計標準・同解説
	液状化判定	道路橋示方書・同解説
	トンネル	トンネル標準示方書
	液状化判定	道路橋示方書・同解説

4-2　空港の地震リスク評価

　近年、災害時のレジリエンスや事業継続計画（BCP）への関心の高まりとともに、施設を機能として捉えた上で、その復旧を予側する研究が見られる。具体的には、送電と給水の連関性を考慮した地震時のレジリエンスの評価[18]、製造業の生産ラインを対象に地震時の性能低下や復旧期間を評価する研究[19]、浄水場管路の送水機能の復旧に着目した研究[20]などである。これらは、発災からの経過時間とともに回復する過程、いわゆる復旧曲線を評価する試みである。一方、小野ら[21]は空港のレジリエンスを評価する上で復旧曲線が有用できると考える一方、復旧曲線は復旧過程の平均値を示すもので、空港に課せられた機能を確保できるか否かを確認する手段としては必ずしも十分ではないと指摘していた。空港に課せられた機能を期限までに確保できるか否かを照査するには、発災からの経過時間に応じた空港機能の健全度を示す方が有効と結論づけ、これを健全度曲線と呼んでいる。

　ここでは、地震リスク評価の中で復旧曲線と健全度曲線に的を絞り、その利用方法と空港の健全度曲線の具体例を示す。

1　復旧曲線と健全度曲線

　図4-7は復旧曲線の例である。縦軸は性能であり、常時の状態を1.0としている。空港であれば常時の民航機の離発着数を1.0に基準化したものである。横軸は発災からの日数である。図には、照査基準として目標性能と目標復旧期間の2軸を示している。2軸で分割された象限の第2象限を通るように対策事業、あるいは諸施設の耐震性能を規定すれば、目標性能と目標復旧期間を満たすことになる。

　図4-8に示すのは健全度曲線の例である。縦軸は任意の性能以上を発揮できる確率（健全度、信頼性）を表すもので、先ずは性能を定める必要がある。前述の「空港のあり方[16]」では、発生後3日を目途に通常時の50％に相当する輸送能力を確保するよう求めている。この場合、定める性能は0.5となる。照査基準としては、目標健全度と目標期日（発災からの期間）から成る象限の第2象限を通ることが目標となる。目標健全度と目標期日は、経過時間と伴に、数段

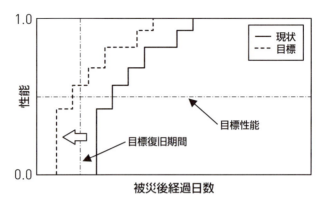

図4-7　復旧曲線による照査

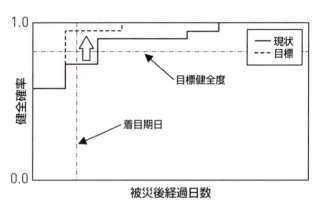

図4-8　健全度曲線による照査

階設定してもよい。

　復旧曲線は、あくまでも期待値であることから、これ以上の復旧時間を要することもあれば、これ以下もあり得る。つまり、そこにはどの程度の誤差があるのか、という情報は示されていない。一方の健全度曲線は、確率を照査するもので、誤差を含めた判断が可能となる。誤差を含めることで、誤差を小さくする（確実性の低い）対策も選択肢になりうる。

　図4-9は発災からの時間に依存した性能の確率分布を表している。性能の確率分布は、空港の例では離発着可能な1日当りの民航機の便数に相当する。

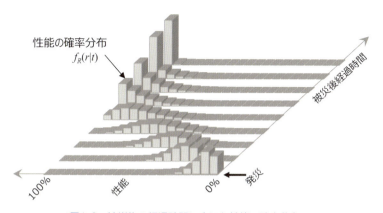

図4-9　被災後の経過時間に応じた性能の確率分布

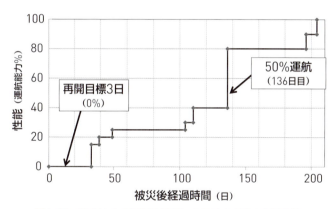

図4-10　東北地方太平洋沖地震による仙台空港の復旧曲線

　発災により性能の確率分布は著しく低下するが、時間の経過とともに施設の復旧が進み、最終的には元の性能（100%）を回復する。図に示した性能の確率分布 $f_R(r|t)$ の r は性能を表し、この平均値を求め、時間 t に対して描いた曲線が復旧曲線となる。一方の健全度曲線は、一定の性能、例えば、50%（$r = 0.5$）などを定め、これを超える確率を時間に対して描いたものである。性能の確率分布が得られれば復旧曲線、健全度曲線ともに求めることができる。

　図4-10に、2011年東北地方太平洋沖地震によって被災した仙台空港の復旧

過程を示したもので、民航機の運航に関する復旧曲線の事例である。50%の運航までに136日を要し、完全復旧は200日を越えている。このように空港としの機能回復が遅れた理由は、予想を超える大津波が来襲したことが主因である。このような曲線を事前に推計できれば、対策の必要性やどのような対策が効果的かなどを判断する上で有効である。

2 空港の健全度曲線の評価例

　関西地域に所在する空港を取上げ、空港の健全度曲線の具体例を紹介する。作用地震動は上町断層帯の地震とする。対象空港は人工島に造られ、アクセスは専用の連絡橋で行われている。同橋には道路や鉄道に加え、電力や上中水などのライフラインも併設されている。空港の主な施設は、滑走路、誘導路、エプロン、場周柵、管制塔、場面管理施設、電源局舎、旅客ターミナルビルなどである。空港機能として民航機の運航に着目し、この機能をシステムとしてモデル化したものを図4-11に示す。図の破線の□は必要機能を、実線□は各機能を構成する施設や構造物の機能喪失要因である。直列の要素は、一つでも機能喪失すれば空港機能は喪失する。一方で、通常の航空管制機能が失われても、管制塔建屋内に置かれているガンセット（携帯用航空機無線）の利用によって常時の50%の管制機能を担うことができる。また、外部からの電力供給（買電）が喪失した場合でも電源局舎非常用発電により航空管制、場面管理、航空灯火は可能となる。アクセス機能についても船舶による代替輸送が可能である。システムモデルは、バックアップを含めた構造物や施設の持つ機能（役割）を有機的に連結したもので、各要素の損傷確率、ならびに損傷した際の復旧時間を与えれば、システム信頼性の方法に則り、図4-9に示した性能の確率分布を求めることができる。なお、図中の滑走路、誘導路、エプロンを離発・駐機機能と呼び、並列部（[1]、[4]、[8]）を1つの要素とした場合、計8要素（[1]〜[8]）から成る直列システムになる。なお、航空機燃料はタンカリング（出発空港で復路の燃料を搭載する方法）により対応可能であることから、必要ないと判断している。

　VOR/DME（超短波全方向式無線標識/距離測定装置）やILS（計器着陸装置）等は、液状化に起因した機能喪失を考慮する必要がある。これらは図の滑走路、誘導

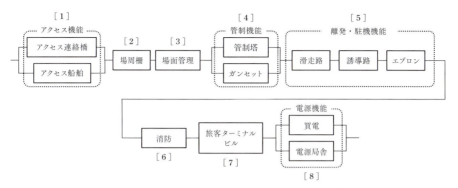

図4-11 民航機運航機能に関するシステムモデル[22]

表4-4 システムモデルの構成要素の被害レベル・状態に応じた耐力中央値[22]

要素 No.	システム構成要素	固有周期 (sec)	被害要因	被害レベル・状態	耐力中央値 (cm/sec²)	復旧期間
[1]	アクセス連絡橋	0.40	橋脚被害	破損	2500	60日
	アクセス船舶	—	桟橋被害	破損	1500	60日
[2]	場周柵	—	液状化被害	被害あり	400	2日
[3]	場面管理（場面管理棟）	0.40	建屋被害	中破以上	1300	15日
		—	管理設備被害	破損	900	7日
[4]	管制塔	0.80	建屋被害	中破以上	1400	15日
			管制塔設備被害	破損	1500	35日
	ガンセット	—	—	—	—	—
[5]	滑走路, 誘導路, エプロン	—	液状化被害	被害あり	800	7日
[6]	消防（消防車庫）	0.40	建屋被害	大破	2800	30日
[7]	旅客ターミナルビル	1.00	建屋被害	中破以上	1000	15日
			天井被害	落下	800	2日
			上中水システム被害	破損	1500	7日
[8]	電源局舎	0.40	建屋被害	中破以上	1300	15日
		—	発電機被害	破損	900	7日
			燃料タンク被害	破損	1500	7日
	電源	—	送電停止	地震発生時	—	3日

路などの液状化被害に含むものとする。

　システムを構成する要素の諸元を表4-4にまとめて示す。表は、左から構成要素の名称、構成要素（施設）の1次固有周期、被害要因、被害レベル・状態、および被害のレベル・状態に応じた地表面における応答加速度換算の耐力中央値、復旧期間となっている。また、固有周期の（-）表記の耐力中央値は買電を除き最大加速度換算の値である。買電については上町断層帯の地震発生で3日停止するものとした。言い換えれば、3日後には通電される。表中の耐力中央値は、対数正規分布の中央値に相当し、損傷確率を与えるFragility Curveを定める情報である。管制塔、ならびに旅客ターミナルビルなどの各建屋の耐力中央値は、設計図書より応答スペクトル法を用いて解析的に求めることができる。ガンセットは結束されており、激しい揺れでも破損しない。しかしながら、ガンセット使用時は50%運航に低下するため、被害要因として含めるものの単独での被害はないものとした。表の諸数値に関する詳細は、参考文献[22]を参照されたい。

　ここで、健全度曲線の評価フローを図4-12に示す。先ず、どのような施設、構造物で構成され、それぞれはどのような役割を持つか、バックアップ機能はあるのか、などを実地調査する。特に電力系統は仔細に調査する必要がある。受電から各施設へどのような経路を経て配電されているか、バックアップとしての自家発電の負荷は、配電盤や変圧器等の設置位置なども重要である。これらの調査を踏まえ、空港機能のシステムモデルを作成する。モデル作成では、冗長性（バックアップがある）機能と、冗長性のない機能を明確に分けること、損傷しても早期に復旧する施設は外すこと、などに配慮する必要がある。要素の諸元は表4-4に示した数値を評価するもので、設計図書や地盤情報などから科学的に求めることになる。また、各要素の復旧期間は過去の被害事例や事業継続計画などで定められている時間などを参照することができる。要素の損傷確率は、例えば、作用地震動の地表面での応答スペクトルを計算した上で、各構造物の応答を求め、耐力中央値からFragility Curveを帰して損傷確率を求めることができる。発災からの経過時間tについては、被災からの復旧作業は構成要素間で同時並行的に進めるものと仮定することで、

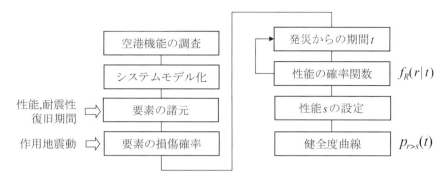

図4-12　空港機能の健全度曲線の評価フロー

発災からの時間断面毎の性能の確率関数は独立に求めることができる。詳細は参考文献[22]を参照されたい。

　上町断層帯地震による健全度曲線を図4-13に示す。健全度曲線を求める際の性能sは50%（通常の運航能力の半分）としている。図より、発災直後の空港機能の喪失確率は0.63（1-0.37）、3日目では0.24（=1-0.76）となる。そこで、〔1〕から〔8〕の機能の内どの機能が問題なのか、これを把握するため発災から3日目の各機能の損傷確率を比較したものを図4-14に示す。同図より、場周柵、ならびに電源機能は損傷しても3日後に復旧するので、この時点では被害なしと同等になる。管制機能についてもガンセットで50%の運航は可能であるので、被害なしとなる。なお、各要素の損傷は、相関を考慮しているので注意する。

　離発・駐機機能の喪失確率は0.116である。滑走路、誘導路、エプロンそれぞれの被害確率は0.057であるが、それぞれは直列に結ばれており、どれか一つでも損傷すれば機能は喪失するため高い値となっている。一方で、滑走路、誘導路等は面的に広がりを持つもので、これを細かく分割すれば機能の喪失確率はさらに高くなる。そこで要素間の被害の完全従属を仮定することができ、この場合、最弱要素の損傷確率を以って離発・駐機機能の喪失確率とすることができる。また、建築物である場面管理や旅客ターミナルビルの確率は、それぞれ0.051、0.201と高めである。

　国交省は、近年発生した自然災害による空港機能障害を受け、「全国主要空

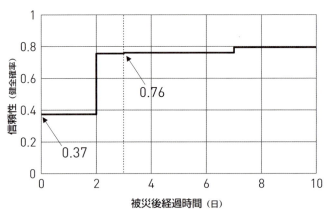

図4-13　上町断層帯地震による空港機能の健全度曲線

港における大規模自然災害対策に関する基本的あり方について」の中間報告[23]を公開した。中間報告では、自然災害による被害形態の多様化を踏まえ、複合的災害や連続的に発生する被害への対応の必要性とともに、浸水対策、配水対策、電源確保などの冠水対策を強調する一方、耐震対策として、滑走路、誘導路等の液状化対策、ターミナルビルの耐震補強（天井補強を含め）の重要性を謳っている。図4-14に示した離発・駐機機能の喪失確率、ならびに旅客ターミナルビルの機能喪失確率が高ことは、「表4-1　近年の地震による空港被害と再開時期」に示した空港の地震被害の実態と整合している。そこで、旅客ターミナルビルの強靭化を実施したと仮定し、健全度曲線の改善効果を見る。強靭化は、ターミナルビルの耐震化と天井の補強とし、表4-4に示す中破被害の耐力を1000から1500に、天井の耐力を800から1200に改善されたと仮定する。計算結果を図4-15に示す。発災直後の健全確率は0.37であったものが、強靭化により0.43に改善している。発災3日後の健全確率は0.76から0.86に改善している。

次に、離発・駐機機能の喪失確率（0.116）を下げるには、地盤改良等の液状化対策が必要になる。しかしながら、対策の実施によって一定期間空港を閉鎖しなければならず、また、対策による出費は高額である。そこで、液状化による路盤の変状（ひび割れや沈下等）を見越した上で、早期に復旧するための

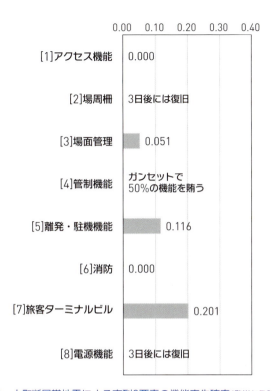

図4-14 上町断層帯地震による直列8要素の機能喪失確率(発災から3日後)の比較

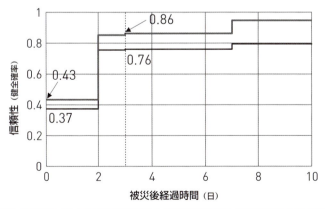

図4-15 旅客ターミナルビルの耐震化と天井の補強による空港機能の健全度曲線

4章 空港の自然災害リスクと強靭化

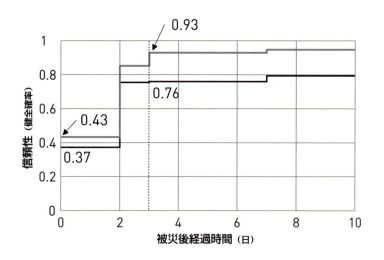

図4-16　液状化による路盤の早期復旧計画による空港機能の健全度曲線の比較

対策、例えば復旧作業員の増員や資機材の搬入等を事前に計画する。いわゆる事業継続計画（BCP）である。これによって3日で復旧できると仮定する。具体的には表4-4の［5］滑走路、誘導路、エプロンの復旧期間を7日から3日に修正する。また、前記したターミナルビルの耐震化と天井の補強も実施するものとする。計算結果を図4-16に示す。

発災直後の健全確率は0.43であり、図4-15と変化はないが、発災3日後の健全確率は0.93まで改善する。

ターミナルビルの耐震化や天井補強は、空港全体から見れば部分の強靭化ではあるが、その効果を空港機能の信頼性（健全確率）の改善として確認できることは、強靭化策の実施判断に役立つ。また、応急復旧を含め事前に滑走路や誘導路などの復旧目標を3日に定めることは、BCPの策定に他ならないが、BCPの策定効果も健全度曲線で表現できる利点は大きい。強靭化とBCP双方の効果を一元的に記述できることは、効果的で経済的な対策を検討する上で、有益である。

空港を構成する構造物の設計基準は一律ではなく、また照査方法や地震荷重も相違しているのが実情である。ここで示したリスク評価手法は、耐震性

能を損傷確率で統一的に記述すことで、設計基準の相違を意識しない。また、空港の施設や構造物は、空港機能を構成する一要素であると考える。つまり、構成要素が有機的な関連性を以って、空港総体の性能を維持しているわけである。これを数学的に記述する方法として、システムとしてのモデル化やシステム信頼性手法がある。

空港以外にも、タイプの異なる構造物の集合体として機能している施設は少なくないことから、本手法の利用範囲は広い。

4-3 空港の被災による経済的影響

空港機能の停止による経済損失について、波及的な影響を含めた経済損失（間接損失）を評価した研究は必ずしも多くない。その中で、参考文献[24]に示されている成田国際空港の機能停止による経済損失について紹介する。成田国際空港[25]は、2018年時点で離発着便数日平均699便、航空旅客数日平均117,168名、その内国際線は97,310名、国内線は19,858名である。また、国際航空貨物の扱い量は日平均6,071tである。国際線利用者数は我が国最大であり、国内線利用者についても6番目に位置している。

経済損失の評価は、特定シナリオ地震の発生を前提としたものではなく、「発災害直後に空港機能は停止、1週間後に50％に機能が回復、その後4週間後には完全復旧」、というシナリオに基づいている。これを復旧曲線で表すと、図4-17のようになる。

先ず、旅客については、空港が使用できないことによる旅行の「取りやめ」と「迂回」の2ケース、航空貨物については「取りやめ」と「迂回」に加え「滞留」の3ケースを想定している。これらによる損失額を直接損失としている。旅客による直接損失の対象は、航空運賃のみならず、空港アクセス、空港会社、空港内テナント物販なども含まれる。また、ビジネスであれば出張中止による業務停滞、訪日の外国人であれば国内における消費も考慮している。また、航空貨物の直接損失の対象は、迂回による代替輸送コスト、滞留による貨物保管費用、取りやめによる航空会社の収入源などである。ここで、「迂回」「滞留」は、代替の輸送事業者や倉庫事業者の収益（需要増）になるの

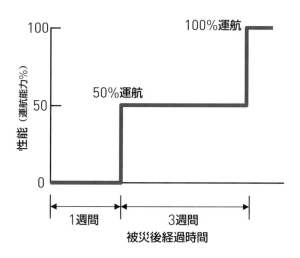

図4-17　発災時の復旧シナリオ(復旧曲線)

で外し、「取りやめ」による直接損失のみに対して評価している。波及影響による経済損失の方法としては、産業連関表（78部門）を用い、生産額の減少（1次波及影響）、粗付加価値額の減少を評価し、粗付加価値額の減少がもたらす生産額の減少（2次波及影響）も評価している。

評価結果は、旅客の直接損失額は802億円、航空貨物の直接損失額は1,157億円となった。この内、「取りやめ」による直接損失額は、旅客と航空貨物を併せ1,533億円である。この1,533億円に対する生産額の減少は、直接損失額を含め約3,260円（2.13倍）である。さらに粗付加価値額への影響は1,690億円（1.10倍）と試算された。参考文献[24]によれば、試算結果は国内総生産額（GDP）の0.03％に相当し、影響は広範で相当大きいと結論付けている。

一方、関西で猛威を振るった台風21号（2018年9月4日）では、関西国際空港は第1ターミナルビル側A滑走路・駐機場ほぼ全域が冠水し、第1ターミナルビル地下従業員用エリア、ならびび高圧電気室が水没した。また、台風の強風によりタンカーが連絡橋に衝突した。完全復旧は2019年の春以降になる模様である。この間の関西経済に与える影響について試算した例[26]を紹介する。同空港を利用する外国人来訪者は増加の一途をたどっており、インバウンド

による需要は関西経済を大きく押し上げる効果をもたらしている。試算では、9月4日から9月末までの期間に外国人来訪者の消費額源による関西域内の生産額減少に着目し、その結果は350億円と試算した。また、間接的な波及効果を合わせた経済損失額は500億円と推定した。

外国人来訪者は拡大傾向にあるが、国際線利用者は代替路線が限られていることから、空港が利用できない場合、来訪者の多くは旅行を取りやめることになる。取りやめによる生産額減少は、直接損失額の2倍超に及ぶと予測されることから、経済活動への影響は甚大である。

コンセンション形式を含め、公共施設の運営形態は多様化するものと推察する。施設被害抑止のための強靭化や早期復旧のための施設整備は、運営形態に関わらず、着実に進めていく必要があろう。

参考文献・引用文献

1) 谷田部好徳，2000年鳥取県西部地震における液状化被害の状況，国土地理院時報，No.95, 2001, pp.129-137
2) 土木学会鳥取県西部地震調査団，2000年10月6日 鳥取県西部地震被害調査報告，2000, p.19
3) 国土交通省国土技術政策総合研究所・独立行政法人建築研究所，2003年十勝沖地震における空港ターミナルビル等の天井の被害に関する現地調査報告，2003, p.24
4) 石川県，平成19年能登半島沖地震記録誌，2010.9, pp.10-14, 16-41
5) 堀川将文・水上純一・畑伊織・前川亮太，平成23年（2011）東北地方太平洋沖地震による仙台空港の保障に関する被害報告，国土技術政策総合研究所資料，No.680, March 2012, p.20
6) 土木学会建設マネジメント委員会・災害対応マネジメント力育成研究小委員会，孤島と化した空港ビル避難者の安全確保──仙台空港ターミナルビル社長の行動，2014.3, p.29
7) 佐藤清二，東日本大震災と空港の研究課題，国土技術政策総合研究所資料，No.655, 2011, pp.161-178
8) 野津厚・伊豆太他・佐々真志・小濱英司・大矢陽介・寺田竜士・小林孝彰・近藤明彦・長坂陽介・鈴木健之・坪川将丈・内藤了二・竹信正寛・福永勇介・鬼童孝，平成28年（2016年）熊本地震による港湾施設等被害報告，国土技術政策総合研究所資料，No.1042, 港湾空港技術研究所資料，No.1348, July 2018, p.78
9) 内閣府，防災情報，平成３０年北海道胆振東部地震に係る被害状況等について，http://www.bousai.go.jp/updates/h30jishin_hokkaido/index.html
10) 気象庁，https://www.data.jma.go.jp/obd/stats/data/bosai/report/1999/19990921/19990921.html
11) 山口県宇部市，台風直撃暴風雨とともに押し寄せた高潮の猛威 REPORT8, http://www.mlit.go.jp/river/pamphlet_jirei/bousai/saigai/1999/html/e008.htm
12) 気象庁，https://www.data.jma.go.jp/obd/stats/data/bosai/report/2006/20060915/20060915.html
13) 気象庁，https://www.data.jma.go.jp/obd/stats/data/bosai/report/2018/20180911/20180911.html
14) 関西エアポート（株）企画・管理部，関西3空港への台風21号の影響について（その1, その2），2018.9.4

15）新関西国際空港（株），台風21号から1か月を経て，2018.10, p.9, http://www.kansai-airports.co.jp/news/2018/2636/J_181003_pressconference_hp.pdf
16）国土交通省航空局，地震に強い空港のあり方，地震に強い空港のあり方検討委員会報告，2007, p. 9
17）中島由貴・小野正博・中村孝明・望月智也，空港総体での安全評価の問題点と地震リスクマネジメントに関するガイドラインの試案，国土技術政策総合研究所資料，No.863, 2015, p.41
18）Shinozuka, M., Chang, S.E., Cheng, T-C., Feng, M., O'Rourke, T.D., Saadeghvaziri, M.A., Dong, X., Jin, X. Wang, Y. and Shi, P., Resilience of integrated power and water systems, Seismic Evaluation and Retrofit of Lifeline Systems, Articles from MCEER's Research Progress and Accomplishments Volumes, 2004, pp.65-86,
19）静間俊郎・中村孝明，復旧曲線の理論的考察とBCPへの適用，土木学会第1回地震リスクマネジメントと事業継続性シンポジウム論文報告集，2009, pp.231-236,
20）馬場啓輔・大嶽公康・静間俊郎・吉川弘道，地震システム解析を用いた浄水場配管の最適投資額の算定，第13回日本地震工学シンポジウム論文集，2010, pp.1724-1729
21）小野正博・中島由貴・中村孝明・静間俊郎，空港の性能維持・早期復旧に関する地震リスクマネジメント，国土技術政策総合研究所資料，No.830, 2015, p.41
22）中島由貴・佐藤健宗・羽原敬二・中村孝明，空港土木施設の耐震信頼性の限界値に関する研究，土木学会論文集F6, Vol.73, No.1, 2018, pp.11-24
23）国土交通省航空局，全国主要空港における大規模自然災害対策に関する基本的あり方について～中間とりまとめ～, 2018, p.11
24）国土交通省 国土技術政策総合研究所，国際交通基盤（港湾・空港）の総合的リスクマネジメントに関する研究，国土技術政策総合研究所プロジェクト研究報告，No.33, 2011, pp.25-68
25）成田国際空港（株）成田空港運用状況，2018.11.29 https://www.naa.jp/jp/airport/pdf/unyou/y_20181129.pdf,
26）石川智久・西浦瑞穂，関西国際空港の一部機能停止による関西経済への影響と全国のインフラへの示唆，日本総研 Research Focus, 関西経済シリーズ，No.3, 2018, p.7

5章

臨海部産業施設の新しい耐震性評価手法
―― 計算力学による強靭化の実践

南海トラフ巨大地震や首都直下地震など大規模地震に対する計算力学による産業施設の安全性検証の必要性が高まっている。想定されている大規模地震では、地震動と津波が巨大化し、原設計で想定していた地震動、津波高さを大幅に超えることになる。構造物や設備の原設計は通常弾性領域（地震・津波の後に、構造物や施設に損傷が生ぜず、変形が残らない状態）で行われているが、想定すべき外力条件が大きくなるため、弾性領域を超えた塑性領域、さらには構造物・設備の破壊過程までも考慮した検証が必要となる。構造物・設備の破壊過程を精度良く求めるためには通常大型の振動台を用いた実物大の模型を用いた実験が行われているが、費用・時間とも増大することから一般的には難しい。そのため計算力学（Computational Mechanics）を活用した解析検討が有効な手法として注目を浴びている。本書の主要テーマになっている臨海部の産業施設の耐震性評価においても計算力学が活用されるようになってきている。本章では「計算力学」は何かについて概説し、さらに、わが国の臨海部に数多く建設されてきた臨海部産業施設の強靭化のための計算力学の活用事例を紹介する。

5-1　計算力学とは

　計算力学は、構造解析、流体解析等、物理現象を計算機により数値的に解くための学術領域のことである。複雑な形状を有し、多種・多様な材料からなる構造物や設備の挙動に関する連立方程式や微分方程式を机上で理論的に算定することは一般的に不可能である。例えば図5-1のような熱機器のフランジ部の熱応力度に対する安全性を検討するため、温度分布を解析する場合を例にとる。伝熱挙動を表す方程式は式5.1のように未知数は温度Tのみであり単純に見えるが、任意の形状に対して熱伝導の微分方程式の厳密解を求めることは難しい。

$$\rho \, C p \frac{\partial T}{\partial t} = \lambda \left(\frac{\partial^2 T}{\partial x^2} + \frac{\partial^2 T}{\partial y^2} + \frac{\partial^2 T}{\partial z^2} \right) \qquad (5.1)$$

熱伝導をあらわす偏微分方程式

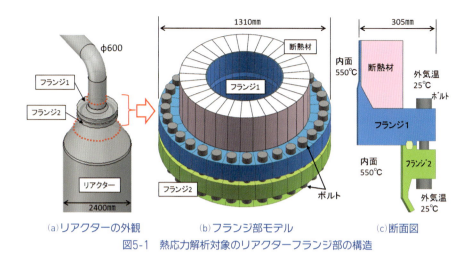

(a) リアクターの外観　　(b) フランジ部モデル　　(c) 断面図
図5-1　熱応力解析対象のリアクターフランジ部の構造

Tは温度（未知数）、λ、ρ、Cpはそれぞれ材料の熱伝導率、密度、比熱で、x、y、zは3次元座標である。

　計算力学により熱機器のフランジ部の熱応力度を数値的に解いた温度分布を図5-2に示す。対象領域に三角の細かなマス目が表示されているが、これは数値的に解く際に必要となるメッシュ（要素）である。これらメッシュごとに温度等の物理量が定義され、式（5.1）の方程式を満たすように繰り返し計算を行うことにより、得られた結果が図5-2である。

　計算力学による数値解析は冒頭でも述べたように、産業施設の様々な設備・機器の安全性の検討にも用いられるようになった。図5-3は球形タンク及び平底タンク全体の計算力学の解析モデルである。これらの計算力学のモデルを解析する方法として、有限要素法（Finite Element Method ;FEM[1]）、有限差分法（Finite Difference Method ;FDM）、有限体積法（Finite Volume Method ;FVM）などが用いられている。これらの手法により構造物や設備など物体の挙動（温度・変形・流動など）を数値的に求めることを「数値解析」または「シミュレーション」と呼んでいる。

　自動車分野においても、走行時の車体の空力特性の解明や衝突時の安全性の検討に、数値解析技術が活用されている。例えば図5-4 (a) のようなレーシ

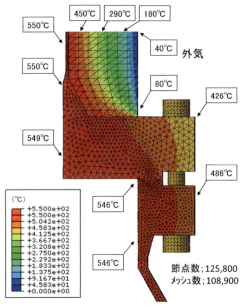

図5-2 フランジ断面の温度分布

ングマシンの空気抵抗特性に大きく影響する車体や翼の設計において、1mm以下の部材厚を最適に決定するために数値解析が活用されている。いくつもの車体形状モデルを計算機の中で作成し数値解析を行う。その結果から空気抵抗が最も優れた設計を選択することができる。同様に衝突時の人の安全を確保するための車体や内装品の詳細設計も、図5-4（b）のように多数の設計モデルによる衝突の数値解析を繰り返すことにより最適な形状と寸法を決定している。自動車分野に限らず航空機、家電製品、スポーツ用具等の開発においても数値解析技術を駆使した設計が行われている。

　球形タンクと平底タンクの数値解析モデル図5-3を示したが、一般的には石油産業等の構造物・設備については計算力学による安全性の検証が十分に進んでいるとはいえないのが現状である。その理由は、各種基準や法令等にもとづいた、簡便な設計手法が定着していること、自動車産業等に比べると軽量化や最適設計のニーズが高くないことが挙げられる。

　しかしながら、最近では構造物や設備の地震時の挙動を精度良く求めるた

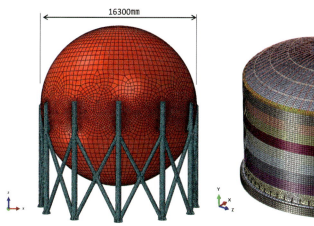

(a) 球形タンク　節点数;メッシュ数:89,882

(b) 平底タンク　節点数;メッシュ数:108,992

図5-3　球形タンクと平底タンクの数値解析モデル

(a) レーシングカー車体周りの流動シミュレーション
資料提供:Red Bull Racing, アンシス・ジャパン株式会社

(b) 自動車車体／ダミーモデルの衝突シミュレーション
資料提供:株式会社JSOL
(車体モデル提供:FHWA/NHTSA National Crashu Analysis Center)

図5-4　自動車の空力特性、衝突の数値解析

めに、地盤-基礎-上部構造物の動的連成効果を考慮した解析が行われるようになってきている。計算力学モデルによる数値解析では、杭の周辺の地盤の液状化の状況や、振動エネルギーの地下免散効果や、さらには、基礎コンクリートのヒビ割れなどが構造物の動的応答に与える影響を考慮することが可

能となる。地盤-基礎-構造物の動的連成解析では3次元による解析も可能となっており、1次元、2次元モデルでは精度の高い設計が難しかった地盤や構造物の挙動の解明も計算力学による数値解析により可能となってきている。

5-2 産業施設強靭化への計算力学の活用
（2011年東北地方太平洋沖地震後）

　東北地方太平洋沖地震により旧法基準により設計された高圧ガスタンクが損傷し、周辺のガス配管から漏洩、爆発、火災が発生した[2]。その後も、2016年熊本地震、2018年北海道胆振東部地震で産業施設が被害を受けている。南海トラフ地震や首都圏南部地震などの発生が逼迫しているとされており、各種の産業施設が原設計を大きく上回る強烈な地震動や大津波に襲われる可能性は否定できない。

　このため、経済産業省により既存高圧ガスタンクに関する補強指針が検討され、2014年に最新の耐震基準（2012年高圧ガス設備等耐震設計指針）を満たしていない高圧ガスタンク、特に地震による設備の損傷が公衆/公共財産/環境に損害を与えるリスクのある設備の耐震補強について「耐震評価方法及び耐震工事の実施」[3]が示された。これに従い旧法基準により設置された各タンクを再評価し、必要な補強を実施することになった。また、各製油所、工場では大規模地震を想定したBCP（Business continuity plan、事業継続計画）が作成され、これに従い高圧ガスタンクや、関連設備の耐震対策が行われている。このような状況から、数値解析の耐震性評価と強靭化設計への活用の機会が増加している。

1　球形タンクの補強

　東北地方太平洋沖地震では、図5-5に示すように球形タンクのブレース交差部の破壊により爆発火災が発生した。本章で解析対象としたタンクは旧法基準に従って設計・施工されているため、最新の基準により再評価し、弱点箇所について補強を実施することが必要である。図5-6に解析対象タンクの概要を示す。鋼管ブレースと支柱の接合部及びブレース交差部は、建設当時

千葉市球型タンクの爆発・火災　　　　ブレース交差部の破断

図5-5　東北地方太平洋沖地震による球形タンクの火災

の基準/設計にしたがい、図5-7のように鋼製の補強リングにより補強されていた。しかしながら、大規模地震を想定した最新の高圧ガス基準（2012年）によれば、支柱、ブレースともに不合格となる。そのため支柱は全面当て板による肉厚の増加、またはブレース自体をより大きい寸法のものに取り換えという大規模な補強工事が必要となると判断された。このため支柱、ブレース及びブレース交差部を詳細にモデル化し、各鋼材の弾塑性特性を考慮した数値解析による評価を行った。解析の結果、弱点箇所が明らかにされ、各種補強案のケーススタディーにもとづいて、必要最小限の方法により補強が行われた。

構造解析モデルと解析手法

上述したように、対象とした球形タンクは東北地方太平洋沖地震以前に、図5-7に示すように鋼管ブレースと支柱の接合部及びブレース交差部にリング等の補強がなされていた。各鋼部材の降伏応力度を設定し、完全弾塑性体としてモデル化した。地震荷重を水平方向に段階的に加える、いわゆるプッシュオーバー解析を行い、タンクが崩壊する水平加速度を求める。高圧ガス基準によれば崩壊加速度は1.47Gとされており、補強により崩壊加速度以上の耐力があることを確認する。

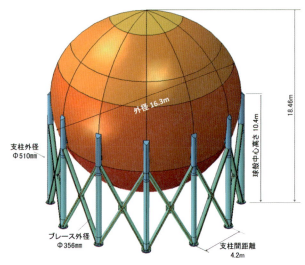

図5-6　解析対象とした球形タンクの構造（補強前）

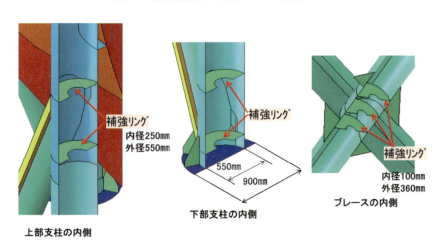

鋼管ブレースと支柱の接合部及びブレース交差部に既に補強がなされていた
図5-7　各部の補強リング（地震による被災前）

補強による球形タンクの耐震性の向上

　図5-8は数値解析によって得られた、タンクに作用する水平加速度とタンク頂点の変位の関係（図の赤線）である。高圧ガス保安協会は、加速度―変位曲線の初期勾配の1/2の直線（図の青線）が加速度変位曲線と交差する点の加速度

を崩壊加速度としている。図示した結果によれば崩壊加速度は1.41Gであり、高圧ガス基準の1.47Gをわずかではあるが下回っており、現状では不合格と判定される。図5-9に示すように支柱上部やブレース交差部に塑性歪が発生する。この部位を図5-10に示す鋼材による当て板やボックスで補強する案が採用された。

　図5-11は上記のとおり補強した場合の水平加速度とタンク頂点の変位の関係を示す。補強前の場合と同様、水平加速度～タンク変位の関係曲線と初期勾配の1/2の直接の交点より、補強した場合の崩壊加速度は1.47Gとなり、かろうじて高圧ガス基準による崩壊加速度の限界値となり、合格と判定された。また図5-12に示すように補強により各部の塑性歪が大幅に低下する効果も得られている。支柱上部の当て板による補強とブレース交差部の鋼製ボックスによる部分補強により支柱とブレース構造の変形が抑制されるため、直接補強していない支柱下部の歪も半分以下に低下している。

　これらの数値解析結果をもとに最終的に図5-13に示す補強がなされた。従来の設計手法に従えば支柱表面全面への当板補強やより太いブレースへの交換等大掛かりな工事が必要となるが、数値解析を活用することで部分的な補強で耐震安全性の確保が可能となった例である。

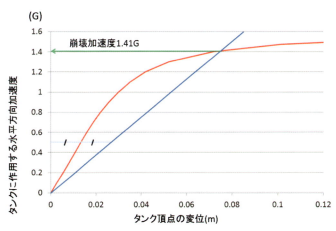

高圧ガス保安協会が推奨する2倍勾配法では、水平荷重とタンク頂点の変位（赤線）とその初期勾配の1/2勾配線との交点の荷重を崩壊荷重としている。

図5-8　補強前モデルの崩壊荷重

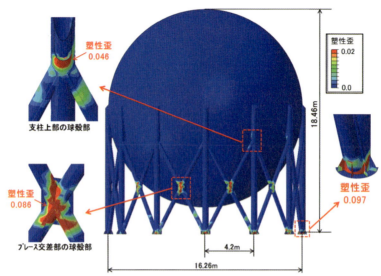

図5-9　補強前モデルの1.41G時の塑性歪分布

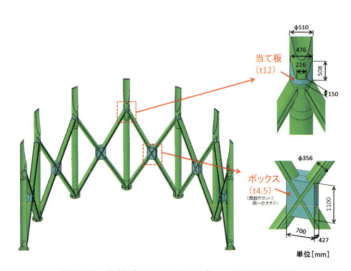

図5-10　鋼製ボックスによるブレース交叉部の補強

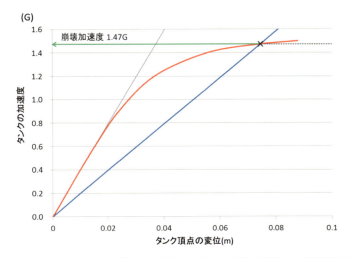

図5-11 ブレース交叉部に補強した場合の加速度-変位の関係および崩壊加速度

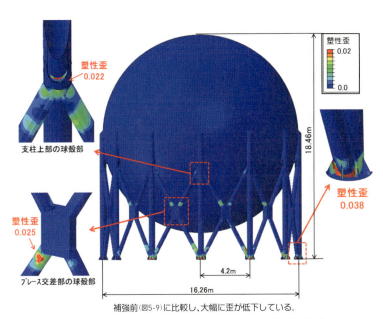

補強前(図5-9)に比較し、大幅に歪が低下している。
図5-12 補強後の球形タンクブレース交叉部の塑性歪分布

5章 臨海部産業施設の新しい耐震性評価手法

(a) 支柱上部の当て板による補強　　(b) ブレース交差部の鋼製ボックスによる補強
図5-13　補強工事結果

2　シーバース各設備の補強

シーバースと評価概要

　数値解析による耐震性評価の対象としたシーバースを図5-14に示す。中京地区のエネルギー供給の要となる30万トン級の原油タンカーの受け入れシーバースである。当該設備は年間約900万トンの輸入原油を受け入れている。想定される南海トラフ地震により桟橋のローディングアームや各種設備が損傷し、原油受け入れに支障が生じた場合、エネルギー供給の根幹が揺らぐことになる。桟橋をはじめシーバースの各設備の耐震性を確保することは、この地区のエネルギー供給にとって重要な課題となっている。シーバースは図5-15に示すように数10mの長尺の斜杭と直杭によりプラットフォーム（デッキ）が支持されている構造である。南海トラフによる地震動によるデッキの動的応答を算定する。デッキの加速度をもとにローディングアームほか各設備の耐震性を個別モデルにより評価する。応力分布や塑性歪分布をもとにローディングアーム本体と他の設備の最適補強方法を決定する。

シーバースの地震応答解析

　図5-15に繋船法線方向のシーバースの構造と地盤条件を示す。海底部は粘土質シルトおよびシルト質細砂、砂礫で構成されており、地震波を入力する工学的基盤は海底面下80mの粘土質シルト層下面である。図5-16に示す南海トラフ地震動の3方向の加速度（中央防災会議によるシーバース近傍の工学的基盤による

図5-14　シーバース

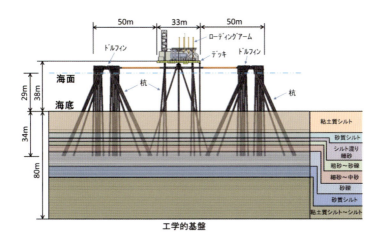

図5-15　シーバースの構造と地盤条件

地震動、南北方向で最大500cm/s^2）を3次元で同時に入力する。タンカーから原油を荷揚げするデッキ上のローディングアーム及び配管内部の原油排出時に使用する窒素タンク等の耐震性評価を行う。ローディングアームと窒素タンクの数値解析モデルをそれぞれ図5-17、図5-18に示す。各鋼材の復元力特性は完全弾塑性とする。図5-15の全体モデルによりデッキ上面の応答加速度を算定する。ローディングアームおよびタンクの動的応答はそれらデッキ上面の加速度を入力して時刻歴応答を算定し、補強の必要な部位を明らかにする。さらに、固定ボルトに作用する荷重を算定し、固定ボルトの健全性を確認する。

以上の解析により補強が必要と判定された場合は補強工事の仕様を決定する。

補強による各構造物の耐震性向上

図5-19はデッキが最大応答加速度1100cm/s^{2}を記録した時点の基礎杭の変形を示す。杭の応力度は許容値以下であり耐震補強は必要なしと判断された。ローディングアームの塑性歪分布を図5-20に示す。スイベルジョイント付近の配管の塑性歪が0.5以上であるため、破損／漏洩の危険があると判断された。このため、図5-21に示すような補強した場合について、再度時刻歴応答解析を行った。補強材量増加によるデメリットや溶接時の入熱の問題等も考慮のうえ、最終的には補強案Dが採用された。この補強案によれば図5-22のとおり塑性ひずみが補強前の1/5以下に低減できることが数値解析により確認された。

窒素タンクは、図5-23に示すようにタンク本体に塑性歪が発生せず、脚部の歪も安全性に影響を与えるものではないと判定された。一方、固定ボルト（M27）の最大荷重は許容値を大きく超えることが判明たため、図5-24に示すように各脚について固定ボルトM30×3本を新たに設置することとした。

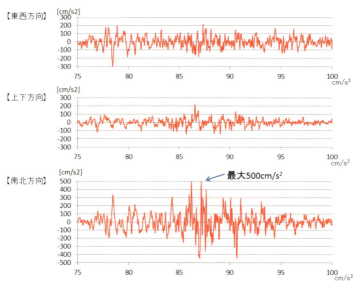

図5-16　南海トラフ地震動　各方向の加速度時刻歴データ

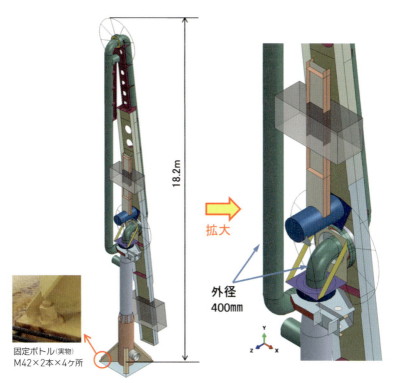

図5-17 ローディングアームモデル

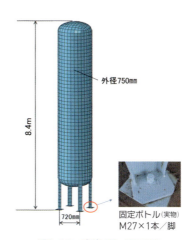

図5-18 窒素タンクモデル

5章 臨海部産業施設の新しい耐震性評価手法

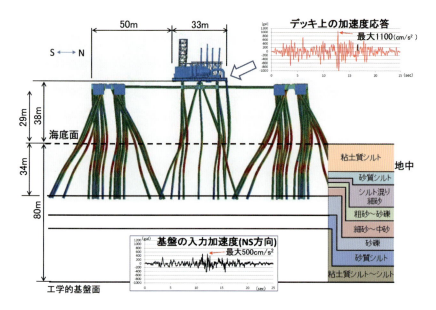

図5-19 デッキの加速度応答最大時（1,100cm/s²）の基礎杭の変形（変形表示倍率10倍）

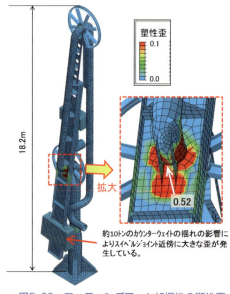

図5-20 ローディングアーム加振後の塑性歪

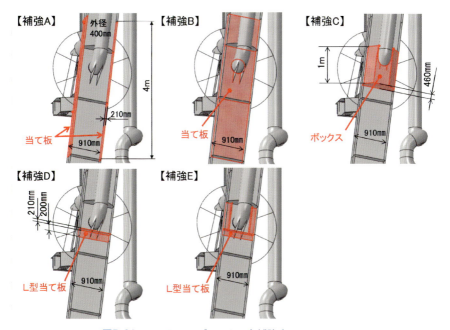

図5-21 ローディングアームの各補強案（赤色部が補強材）

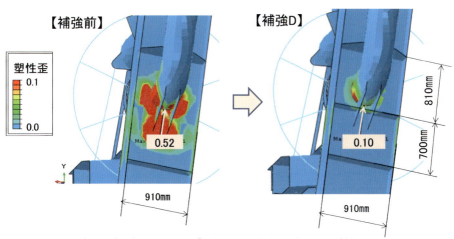

最小限の当て板によりエルボー部の変形が緩和し大幅に歪が低下した
図5-22 当板補強による塑性歪低減

5章 臨海部産業施設の新しい耐震性評価手法 157

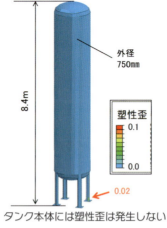

タンク本体には塑性歪は発生しない

図5-23　窒素タンクの塑性歪

図5-24　窒素タンク固定部の補強

3　平底円筒形冷凍タンクの耐震評価
耐震性評価の背景

　2011年東北地方太平洋沖地震では高圧タンクから大量のガスが漏洩した。このため、経済産業省により既設の高圧ガス貯槽に関し「耐震評価方法及び耐震工事の実施」[3)]が示された。タンクの耐震性をこの指針にしたがい最新の基準にて再評価することが求められている。球形タンクでは前述の事例の

ような補強工事が実施されている。平底円筒形冷凍タンクについても耐震性の再評価が求められている。タンク本体、基礎、杭のいずれかあるいは複数の項目が「不合格」評価となる可能性があるタンクも数多く存在する。平底円筒形冷凍タンクは球形タンクと異なり補強自体が難しく、また巨額な改修費用と期間が必要となる場合もある。そのため、経済産業省からいくつかの代替措置案が示された。この中で耐震性能の詳細評価法として、「当該高圧ガス設備の耐震性能について、十分な技術的な根拠がある方法により評価し直し、想定地震動の影響によって当該設備から高圧ガスが外部に流出しない強度を有していることを確認する」ことが示された。

耐震性評価の概要

対象は高圧ガス基準（2012年）による評価で基礎杭の水平耐力が「不合格」となった平底円筒形冷凍タンクである。杭の曲げ応力度が許容値の約80倍以上となった。杭の水平耐力が許容値を大幅に超過する要因は、地盤剛性が非常に低く、かつ液状化が発生することによる。増し杭による補強では数百本以上の増し杭が必要となり補強費用が巨額なものとなる。そこで、地盤の液状化を考慮したタンク-基礎-地盤の3次元連成解析モデルによる解析により、杭の耐震性とタンクからの内液漏洩の可能性を検討した。数値解析の結果、地盤の液状化の影響によって、タンク・基礎・杭連成系の固有周期が入力地震動の卓越周期帯域からはずれることになり、タンクの動的応答加速度が大幅に減少して、杭応力度が終局耐力以下となることが確認された。タンク・基礎・連成系の固有周期が3秒を超えることから長周期地震の影響についても検討し、杭の損傷度合が増大するものの終局耐力以下となることを確認した。

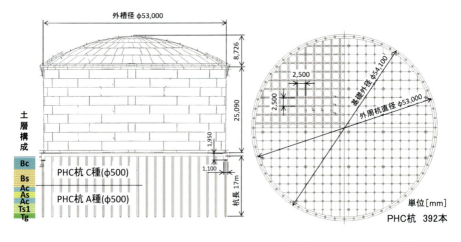

(a) タンク構造と土層構成 　　　　(b) 基礎(格子状コンクリート型)構造
図5-25　平底円筒形冷凍タンクの構造概要

平底円筒形タンクの構造概要

　対象とした平底円筒形タンクは図5-25に示す内槽の直径が約51m、外槽の直径が約53mのLPG冷凍タンクである。内溶液LPGの比重は約0.6である。基礎は392本のPHC杭（φ500、上部はC種、下部はA種）で支持されており、支持層はGL-16m～GL-23mの礫質土層（Tg層）である。

地盤条件

　タンク基礎地盤の土層は概ね平行成層であり、図5-26に示すように地表から埋立粘性土層（Bc）、埋土砂質土層（Bs）、沖積粘土層（Ac1、Ac2）、沖積砂質土層（As）で構成されており、工学的基盤はGL-31mの第三紀粘性土層Tc2（せん断波速度Vs=503m/s）である。

構造解析モデルと解析手法

　図5-27に示すように、タンク内槽、外槽はシェル要素、基礎と地盤はソリッド要素、杭はビーム要素でモデル化した。構造系全体が加震方向に対して対称であることから、タンクの1/2をモデル化した。内液のスロッシング振動に

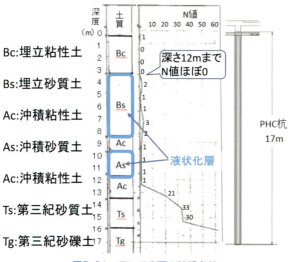

図5-26 タンク直下の地盤条件

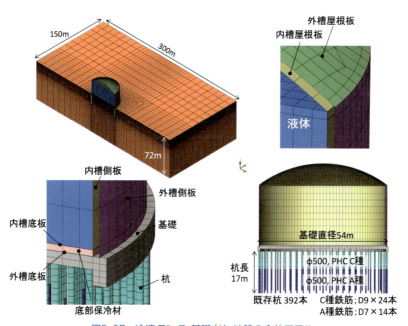

図5-27 冷凍タンク、基礎/杭、地盤の全体モデル

5章 臨海部産業施設の新しい耐震性評価手法

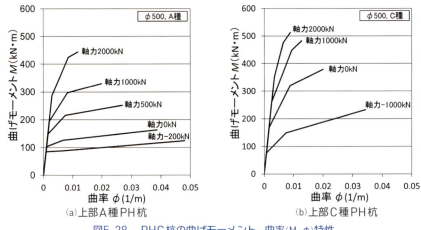

(a) 上部A種PH杭　　　　　(b) 上部C種PH杭

図5-28　PHC杭の曲げモーメント‐曲率(M‐φ)特性

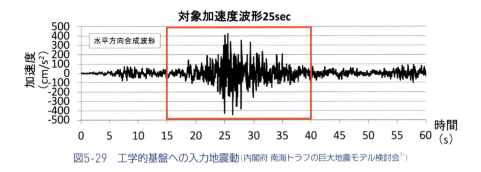

図5-29　工学的基盤への入力地震動(内閣府 南海トラフの巨大地震モデル検討会[7])

よる内槽側壁面および底面への圧力の変動を評価できる液体要素モデル[4]を用いている。地盤のせん断応力―せん断歪み関係はR-Oモデル、間隙水圧の変動はBowlモデルを用いた[5)~7)]。

　PHC杭の曲げモーメント（M）と曲率（φ）の関係は図5-28に示すように軸力によって変動するトリ・リニア型とした。M-φ関係の変化点は、それぞれコンクリートのひび割れ、鉄筋降伏、終局曲げモーメントである。

基盤入力地震動

　「内閣府 南海トラフの巨大地震モデル検討会[8]」により公開されている当該地区の工学的基盤の水平各方向の加速度データを用い、最大加速度が得られ

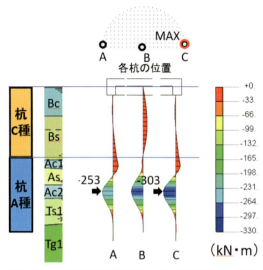

図5-30　代表的な基礎杭のモーメント分布(11.4sec時)

る方向に合成した時刻暦加速度波形を工学基盤の入力地震動とした。

基礎杭の耐震性の評価と考察

　図5-30に外周部の基礎杭（A、C）および中心杭（B）の曲げモーメントを示す。表層の砂質土層（図5-30のBs層、As層）は完全液状化状態にあり、これらの地盤内では曲げモーメントは小さい。最大曲げモーメントが発生するのは非液状化層のAc2層中である。最大曲げモーメントと最大曲率を、図5-28の曲げモーメント‐曲率の関係図5-31に示す。いずれの杭も鉄筋降伏値を超えているが、極限値以下であり、基礎杭が破断することはないと判定された。

　高圧ガス耐震設計指針による評価では、杭の水平耐力が許容値の約80倍以上となったが、数値解析による評価では「安全性が確保されている」となった。この差異が生ずる理由は以下のとおりである。

　加震前の状態においては、地盤‐基礎‐上部タンク構造を含めた全体系の1次固有周期は図5-32に示すように0.98secであり、工学的基盤の地震動に対する加速度応答値は図5-33から300〜400galとなる。一方、地盤の液状化が進行する11.4sec付近では、液状化により地盤剛性が低下するため杭はより変形し

やすくなる。そのため、地盤-基礎-上部タンク全体系の固有周期は3.34secと大幅に長くなる。入力加速度の卓越周波期帯域より外れるため、加速度応答値が約100galまで低下し、これにより基礎杭の曲げモーメントは終局値以下になる。

しかしながら、地盤-基礎-タンク全体系の固有周期が3s以上になることから、長周期地震動に対する安全性の評価が必要である。本タンクの耐震性評価では、当該地域に発生する長周期地震動に対する評価も併せて行い、耐震性が満足されていることを確認している。

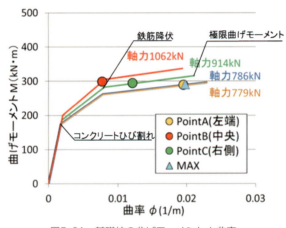

図5-31 基礎杭の曲げモーメントと曲率

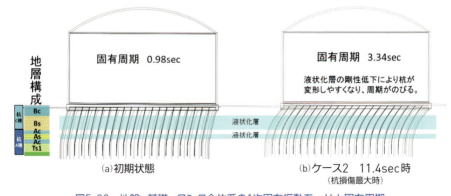

図5-32 地盤-基礎-タンク全体系の1次固有振動モードと固有周期

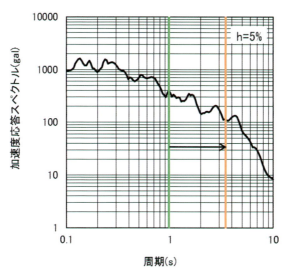

地盤―タンク連成系の初期の固有周期は0.98sec（緑線）であるが、地盤の液状化のため固有周期が3.34sec（赤線）となり、応答速度が約100cm/s2と大幅に減少する。

図5-33　固有周期の長周期化による加速度応答値の低下

参考文献・引用文献

1) 日本計算工学会編，竹内則雄・樫山和男・寺田賢二郎共著，計算力学——有限要素法の基礎，森北出版，2012
2) 奥山，東日本大震災レポート，NKSJ，RMレポート，Issue58，2011
3) 経済産業省，既存の高圧ガス設備の耐震性向上対策について，20140519商局第1号
4) 動力炉・核燃料開発事業団大洗工学センター，原子炉容器モデルのスロッシング解析，PNC TN9410 87-125，1987
5) 藤田豊・木全宏之，プラント基礎の耐震補強，Electric Power Civil Engineering，346，2010，pp.55-59
6) 吉田望，地盤の地震応答解析，鹿島出版会，2010
7) 松浦敦，実務者のための非線形地盤構成則のご紹介，CTC，http://www.engineering-eye.com/SOILPLUS/case/pdf/SoilPlus2014seminar_04.pdf
8) 内閣府，南海トラフの巨大地震モデル検討会，http://www.bousai.go.jp/jishin/nankai/model/index.html

編著者紹介・執筆担当章

濱田政則（はまだまさのり）
まえがき、第1章

早稲田大学名誉教授、（一財）産業施設防災技術調査会代表理事、特定非営利活動法人国境なき技師団会長、アジア防災センター・センター長。主な著書に『液状化の脅威』（岩波書店）、『原子力耐震工学』（鹿島出版社）、Engineering for Earthquake Disaster Mitigation（Springer）など。

若竹 亮（わかたけりょう）
第1章

東北大学大学院終了後、戸田建設株式会社に入社。山岳トンネル工や開削トンネル工、橋梁下部工の現場管理に従事。現在は同社の価値創造推進室技術開発センターに在籍し、山岳トンネルの情報化施工に関する技術開発業務に従事。

小松憲一（こまつけんいち）
第2章

（一財）産業施設防災技術調査会理事。東燃ゼネラル石油で土木設計を担当。高圧ガス保安協会高圧ガス耐震基準検討委員会基礎設計基準部会委員、石油連盟設備構造委員会基礎地盤部会長を歴任。主な著書に『液状化対策工法』（共著、地盤工学会）など。

永井一徳（ながいかずのり）
第2章

（一財）産業施設防災技術調査会理事。東海大学卒業後、飛島建設に入社、ケーソン工事等の立坑工事、土圧、泥水式シールドなどのトンネル工事及び地下車庫建設工等に従事。国土交通省関東地方整備局関東技術事務所より、2011年度優良業務及び優良技術者表彰。主な著書に『シールドトンネルの新技術』（編著、シールドトンネルの新技術研究会）など。

横塚雅実（よこつかまさみ）
第3章

京都大学卒業後、鹿島建設株式会社に入社。1986年慶応義塾大学大学院経営管理研究科にてMBAを取得。公共施設、産業施設の調査、計画、設計と施工に従事。元石油供給構造高度化事業コンソーシアム立地基盤整備支援事業業務担当。

中村孝明（なかむらたかあき）
第4章

株式会社篠塚研究所取締役、早稲田大学非常勤講師、工学院大学大学院非常勤講師。主な著書に『地震リスクマネジメント』（技報堂出版）、『実務に役立つ地震リスクマネジメント入門地』（丸善出版）など。

米川 太（よねかわふとし）
第5章

出光興産株式会社在籍。専門は、流体／構造解析を駆使した設計提案及び耐震評価。主な業務実績として、自動車分野の樹脂部品に関する最適設計提案、各種プラントのトラブル原因究明と改良設計提案、タンク他設備の流動／構造連成解析による耐震評価があり、延べ1,000件以上に上る。

東京安全研究所・
都市の安全と環境シリーズ7

都市臨海地域の強靭化
増大する自然災害への対応

2019年8月20日　初版第1刷発行

編著者	濱田政則
デザイン	坂野公一＋節丸朝子（welle design）
発行者	須賀晃一
発行所	早稲田大学出版部 〒169-0051 東京都新宿区西早稲田1-9-12 TEL 03-3203-1551 http://www.waseda-up.co.jp
印刷製本	シナノ印刷株式会社

©Masanori Hamada 2019 Printed in Japan
ISBN978-4-657-19016-1

「都市の安全と環境シリーズ」ラインアップ

◉ 第1巻
東京新創造
──災害に強く環境にやさしい都市（尾島俊雄 編）

◉ 第2巻
臨海産業施設のリスク
──地震・津波・液状化・油の海上流出（濱田政則 著）

◉ 第3巻
超高層建築と地下街の安全
──人と街を守る最新技術（尾島俊雄 編）

◉ 第4巻
災害に強い建築物
──レジリエンス力で評価する（高口洋人 編）

◉ 第5巻
南海トラフ地震
──その防災と減災を考える（秋山充良・石橋寛樹 著）

◉ 第6巻
首都直下地震
──被害・損失とリスクマネジメント（福島淑彦 著）

◉ 第7巻
都市臨海地域の強靭化
──増大する自然災害への対応（濱田政則 編）

◉ 第8巻
密集市街地整備論
（伊藤 滋 監修）

◉ 第9巻
仮設住宅論
（伊藤 滋 監修）

◉ 第10巻
木造防災都市
（長谷見雄二 編）

各巻定価＝本体1500円＋税

早稲田大学出版部